Quoc Thang Vo
Yann Monerie
Christian Duriez

Imagerie d'essais mécaniques sur des composites à matrice métallique

Quoc Thang Vo
Yann Monerie
Christian Duriez

Imagerie d'essais mécaniques sur des composites à matrice métallique

Contribution à la validation de méthodes d'homogénéisation et identification de propriétés mécaniques par phases

Presses Académiques Francophones

Impressum / Mentions légales

Bibliografische Information der Deutschen Nationalbibliothek: Die Deutsche Nationalbibliothek verzeichnet diese Publikation in der Deutschen Nationalbibliografie; detaillierte bibliografische Daten sind im Internet über http://dnb.d-nb.de abrufbar.

Information bibliographique publiée par la Deutsche Nationalbibliothek: La Deutsche Nationalbibliothek inscrit cette publication à la Deutsche Nationalbibliografie; des données bibliographiques détaillées sont disponibles sur internet à l'adresse http://dnb.d-nb.de.

Coverbild / Photo de couverture: www.ingimage.com

Verlag / Editeur:
Presses Académiques Francophones
ist ein Imprint der / est une marque déposée de
OmniScriptum GmbH & Co. KG
Heinrich-Böcking-Str. 6-8, 66121 Saarbrücken, Deutschland / Allemagne
Email: info@presses-academiques.com

Herstellung: siehe letzte Seite /
Impression: voir la dernière page
ISBN: 978-3-8381-7325-2

Table des matières

Résumé

Ce travail vise à étudier un matériau biphasé métallique matrice/inclusion. Une méthode simple est proposée pour évaluer les propriétés élastiques d'une phase si les propriétés de l'autre phase sont connues. La méthode est basée à la fois sur un modèle d'homogénéisation inverse et sur les mesures de champs mécaniques par corrélation d'images numériques 2D. L'originalité de la méthode repose sur l'échelle étudiée, à savoir l'échelle de la microstructure du matériau : la taille caractéristique des inclusions est d'environ quelques dizaines de microns. L'évaluation est réalisée sur des essais de traction uniaxiale standards associés à un microscope longue distance. Cela permet d'observer la surface de l'échantillon à l'échelle de la microstructure au cours de la sollicitation mécanique. Tout d'abord, la précision de la méthode est examinée à partir des champs mécaniques « parfaits » provenant des simulations numériques pour quatre microstructures : inclusions simples élastiques ou poreux ayant une forme sphérique ou cylindrique. Deuxièmement, cette précision est examinée sur les vrais champs mécaniques provenant des deux microstructures simples : une matrice élastoplastique contenant un et quatre micro-trous cylindriques arrangés selon un motif carré. Troisièmement, la méthode est utilisée pour évaluer les propriétés élastiques des inclusions αZr de forme arbitraire dans un échantillon Zircaloy-4 oxydé présentant le gainage du combustible d'un réacteur à eau sous pression après un accident de perte de réfrigérant primaire (APRP). Dans toute cette étude, les phases sont supposées avoir des propriétés isotropes.

Abstract

This work is focused on a matrix/inclusion metal composite. A simple method is proposed to evaluate the elastic properties of one phase while the properties of the other phase are assumed to be known. The method is based on both an inverse homogenization scheme and mechanical field's measurements by 2D digital image correlation. The originality of the approach rests on the scale studied, i.e. the microstructure scale of material : the characteristic size of the inclusions is about few tens of microns. The evaluation is performed on standard uniaxial tensile tests associated with a long-distance microscope. It allows observation of the surface of a specimen on the microstructure scale during the mechanical stress. First, the accuracy of the method is estimated on « perfect » mechanical fields coming from numerical simulations for four microstructures : elastic or porous single inclusions having either spherical or cylindrical shape. Second, this accuracy is estimated on real mechanical field for two simple microstructures : an elasto-plastic metallic matrix containing a single cylindrical micro void or four cylindrical micro voids arranged in a square pattern. Third, the method is used to evaluate elastic properties of αZr inclusions with arbitrary shape in an oxidized Zircaloy-4 sample of the fuel cladding of a pressurized water reactor after an accident loss of coolant accident (LOCA). In all this study, the phases are assumed to have isotropic properties.

A force de couler, l'eau finit par user la pierre
(Proverbe populaire vietnamien)

À mes parents et à ma famille

Remerciements

Les travaux présentés dans ce mémoire ont été réalisés pendant ces trois années passées au Laboratoire de Mécanique et Génie Civil (LMGC, UM2-CNRS) à Montpellier et à l'Institut de Radioprotection et de Sûreté Nucléaire (IRSN) de Cadarache au sein de l'Laboratoire d'Expérimentation en Mécanique et Matériaux (LE2M). Pendant cette période, j'ai eu la chance d'être accueilli et de rencontrer des personnes envers lesquelles je voudrais exprimer ma gratitude pour leur soutien.

Je souhaite tout d'abord exprimer toute ma reconnaissance à mon Directeur de thèse, Stéphane Pagano, et mes deux co-directeurs, Yann Monerie et Christian Duriez, pour avoir dirigé ce travail et partagé avec moi leurs idées, leurs connaissances et leurs expériences. Leur disponibilité, leur patience et leur générosité m'ont permis d'évoluer dans les meilleures conditions en me laissant une grande liberté et en me faisant l'honneur de me déléguer plusieurs responsabilités.

Je remercie sincèrement Pierre Alart, qui me fait l'honneur de présider ce jury. J'adresse également ma profonde reconnaissance à Laurent Stainier et Evelyne Toussaint, d'avoir bien voulu accepter la charge de rapporteur. Mes plus sincères remerciements vont également à Pierre-Guy Vincent, pour avoir accepté d'être membres de mon jury et de juger mon travail.

Je remercie Philippe March, Responsable de LE2M, ainsi que Moulay Said El Youssoufi, Directeur de LMGC, pour m'avoir accueilli au sein de leurs équipes et pour les conseils stimulants que j'ai eu l'honneur de recevoir de leur part.

Je tiens à remercier tous les collègues qui ont collaboré avec moi sur certains aspects de ce travail. Je tiens à exprimer ma gratitude à Bertrand Wattrisse, Professeur de l'Université Montpellier 2, pour m'avoir aidé à maitriser la méthode de corrélation d'images numériques et ses nombreux conseils constructifs. Un grand merci à Jean Desquines et Séverine Guilbert, Ingénieur-chercheurs IRSN, pour les discussions et les nombreux échanges sur le logiciel de calcul aux éléments finis CAST3M et les connaissances mécaniques et matériaux. Un grand merci aussi à Gaëlle Montigny, Pauline Lacote, techniciens IRSN, pour leurs aides sur les essais expérimentaux de l'oxydation à haute température et de l'attaque chimique des gainages de combustible.

Je tiens ensuite à remercier l'ensemble du personnel, les « très jeunes » et les « assez jeunes », de l'équipe matériaux et chimiques des bâtiments 327 et 328 de l'IRSN qui ont contribué à une ambiance toujours amusante et chaleureuse avec les bons gâteaux pour les matins, les pots et les pique-niques. Je remercie bien évidemment aux thésards/postdocs et ainsi que les stagiaires de IRSN et LMGC, Benoît Krebs, Isabelle Cristina Idarraga Trujillo, Marion Lacoue-Nègre, Mélany Gouello, Elodie Torres, Mathieu Guerain, Rémi Clavier, Shuang Wen, Nawfal Blal, Antoine Blanche ... pour les moments partagés et l'amitié que vous m'avez témoignée.

Je ne pourrais pas poursuivre cette page sans dire un grand merci à ma famille au Vietnam : mes parents, ma petite sœur Bi-Bi, mes grand-parents, mes tantes, mes oncles, ma copine. Leur encouragement et leur assistance morale m'ont permis de passer les moments difficiles.

Finalement, je profite de l'occasion pour remercier tous mes amis à Aix-en-Provence et Manosque : Trung-Kien Nguyen, Ha-Trang Nguyen Thi, Huy-Tu Pham, Duy-Thanh Do, Thieu-Au, Van-Trung Do, Zhenzhen Liu, Liao Liao ainsi que d'autres amis qui m'ont permis de sentir que la distance géographique France-Vietnam est réduite en partageant ensemble des moments agréables : soirées avec les bons vins, restaurants, barbecues, tennis, natation, ski, escalade en montagne et tennis de table.

Introduction générale

Cette thèse s'est déroulée dans le cadre du programme d'essais du laboratoire MIST (Micromécanique et Intégrité des Structures), lancé le 8 octobre 2007. Le MIST est un laboratoire commun CNRS-UM2-IRSN créé pour promouvoir les actions collaboratives entre PSN-RES (Pôle de Sûreté des installations et des systèmes Nucléaires) de l'IRSN Cadarache (Institut de Radioprotection et de Sûreté Nucléaire) et le LMGC (Laboratoire de mécanique et de génie civil) du CNRS à Montpellier :

– L'objectif du MIST est d'étudier l'intégrité des structures hétérogènes et évolutives. Il s'agit de comprendre et de prédire le comportement mécanique des matériaux et des structures ainsi que les évolutions microstructurales que subissent les matériaux sous des sollicitations thermomécaniques fortes. Ce type de sollicitation se retrouve notamment dans le domaine nucléaire,

– L'un des objectifs de PSN-RES est d'étudier l'évolution des propriétés des matériaux constitutifs d'un cœur de réacteur nucléaire dans les conditions induites par les situations accidentelles afin de développer des logiciels de calcul d'accidents de réacteurs nucléaires. La compréhension du comportement mécanique du matériau de gainage du crayon combustible soumis à des contraintes thermomécaniques sévères revêt une importance particulière car la gaine constitue la première barrière de confinement des produits de fission radioactifs. Pour cela, PSN-RES développe des modèles physiques permettant de décrire le matériau dans toute sa complexité. Des programmes de recherche expérimentaux fournissent des données pour développer et valider ces modèles.

En conditions accidentelles, les gaines de combustible en Zircaloy-4 (alliage de Zirconium) sont soumises à des sollicitations extrêmes. La réponse à ces sollicitations doit être qualifiée afin de valider le respect des critères de sûreté. Il faut donc étudier la tenue mécanique de la gaine non seulement dans les conditions nominales, mais aussi en conditions accidentelles. Deux des scénarios d'accident envisagés dans les REP (Réacteur à Eau sous Pressions) sont l'accident d'injection de réactivité (RIA) et l'accident par perte de réfrigérant primaire (APRP) :

– Le RIA est un accident causé par une éjection brutale d'une barre de commande sous l'effet de la pression. Cette éjection entraîne une augmentation rapide (environ 50 ms) de la puissance locale dans les crayons de combustible proches de la barre éjectée. Le combustible subit alors une forte élévation transitoire de température, ce qui entraine le gonflement brutal des pastilles de combustible. La gaine est soumise à de fortes contraintes de traction dans le sens circonférentiel et les déformations peuvent atteindre quelques pourcents. Des fissures peuvent s'amorcer, se propager dans ces gaines et conduire éventuellement à leur rupture, et donc à la perte de la première barrière de protection et à la dispersion de combustible dans l'eau du circuit primaire.

– L'APRP est un accident causé par une brèche sur le circuit primaire. Au cours d'un tel accident, il y a dépressurisation du cœur, une grande partie de l'eau est donc convertie en vapeur, le cœur du réacteur se dénoie. Les gaines ne sont plus suffisamment refroidies, leur température peut monter jusqu'à 1200 °C, température maximale considérée pour ce type de scénario accidentel. Elles subissent donc une oxydation sous atmosphère de vapeur d'eau à haute température. Les gaines subissent ensuite une trempe lors du renoyage du cœur par les injecteurs de sécurité prévus à cet effet.

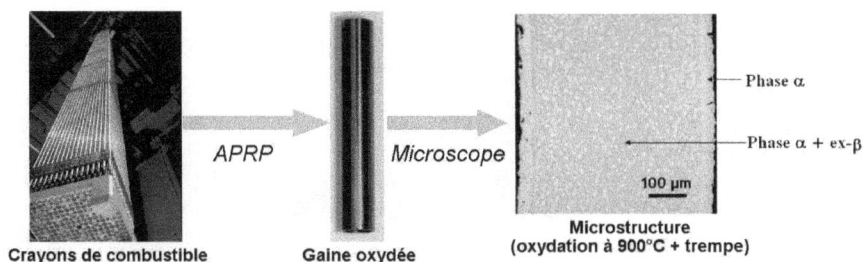

FIGURE 1 – *Accident par perte de réfrigérant primaire (APRP)*

Durant un APRP, la microstructure des tubes-gaines évolue pour transformer ces gaines en un matériau typiquement constitué de trois couches, FIGURE 1 : (1) la présence d'une atmosphère oxydante induit la formation d'une couche d'oxyde en paroi externe qui peut atteindre quelques dizaines de μm et dont le comportement mécanique est de type fragile ; (2) une couche de métal sous-jacente fortement enrichie en oxygène et dont le comportement mécanique est durci par rapport à celui de la matrice métallique initiale de zirconium ; (3) enfin, une zone interne constituée d'une matrice pauvre en oxygène et assez ductile, contenant des inclusions fragiles constituée d'un matériau similaire à celui de la couche intermédiaire (2). Les zones externes et la couche d'oxyde étant fragiles et de faible résistance à la fissuration, la tenue mécanique d'une gaine ayant subi un transitoire APRP est assurée par la zone interne : un composite à matrice métallique contenant des inclusions fragiles. Il est apparu nécessaire d'approfondir la connaissance des phénomènes métallurgiques et thermomécaniques de cette zone interne biphasée.

En se plaçant dans ce contexte, la possibilité d'utiliser la technique d'imagerie pour analyser les comportements hétérogènes à l'échelle micrométrique des gaines Zircaloy-4 oxydées représente le 1er objectif de cette thèse. Les essais mécaniques sur un tel matériau composite ont été effectués au LE2M (Laboratoire d'expérimentation en mécanique et matériaux) de l'IRSN. Dans le cadre du MIST, l'un des objectifs du laboratoire était de mettre au point sur une machine d'essais mécaniques une technique consistant à filmer à l'échelle microscopique un échantillon qui se déforme au cours d'un essai mécanique, FIGURE 2, puis à calculer les champs de déplacements et de déformations sur une zone d'intérêt par une méthode de corrélation d'images numériques bidimensionnelle (CIN-2D) [95]. Des informations locales qui viennent compléter les informations macroscopiques classiquement relevées lors d'essais mécaniques standards sont obtenues. Associée à des outils de visualisation à l'échelle microscopique (microscopie optique ou électronique), la richesse de ces méthodes permet de mieux comprendre le lien entre la microstructure et la déformation macroscopique, via la mesure de la distribution spatiale du champ de déformation. La technique est donc particulièrement bien adaptée au cas des matériaux à microstructure composite [25].

Le 2ème objectif de cette thèse est l'identification inverse des propriétés mécaniques par phases

FIGURE 2 – *Essai mécanique filmé*

à partir de champs cinématiques mesurés par CIN-2D et de méthodes d'homogénéisation. Elle détermine pour un matériau biphasé, les propriétés mécaniques inconnues d'une des deux phases à partir de la connaissance des propriétés de l'autre phase, de la morphologie et de la distribution des deux phases et des champs cinématiques mesurés.

Ce mémoire est composé de quatre chapitres :
- 1er chapitre « Étude bibliographique » donne une présentation générale des caractéristiques physiques du matériau étudié (Zircaloy-4 oxydé), le principe des méthodes de mesure de champs cinématiques disponibles dans la littérature et les connaissances de base des méthodes d'homogénéisation en élasticité linéaire,
- 2ème chapitre « Méthodes expérimentales » présente les principes du logiciel de corrélation d'images numériques Kelkins ainsi que des dispositifs d'essai mécanique utilisés dans cette thèse. Les choix optimaux des paramètres de Kelkins afin d'obtenir des mesures de champs cinématiques à haute résolution sont caractérisés. En utilisant des paramètres retenus de la CIN, la performance de la mesure des champs cinématiques est testée sur un essai de compression d'anneau,
- 3ème chapitre « Méthodes d'homogénéisation inverses et incertitudes » présente la construction d'une méthode d'identification inverse des propriétés mécaniques basée sur un schéma d'homogénéisation de Mori-Tanaka. La méthode proposée considère un matériau biphasé constitué d'inclusions réparties de manière homogène (spatiale ou surfacique) dans une matrice métallique, dont les propriétés d'une seule phase sont connues. A partir de champs cinématiques mesurés , la méthode proposée permet de déterminer les propriétés de l'autre phase inconnue. Dans ce chapitre, la qualification de l'incertitude des résultats estimés par cette méthode inverse à partir de données numériques et de données expérimentales dans les situations favorables sont effectuée,
- 4ème chapitre « Zircaloy-4 oxydé à l'issue d'un scénario APRP » permet de tester l'applicabilité de la méthode d'identification inverse développée au chapitre III dans les situations réelles : les éprouvettes Zircaloy-4 oxydées.

Chapitre I
Étude bibliographique

Sommaire

Introduction

Après une brève introduction sur le principe de fonctionnement d'un réacteur nucléaire à eau sous pression (REP) et sur le design des assemblages combustibles utilisés dans ce type de réacteur, le matériau de gainage du combustible étudié dans cette thèse est présenté dans la 1ère partie de ce chapitre. Il s'agit d'un alliage base zirconium, le zircaloy-4.

En cas d'accident de perte de réfrigérant primaire (APRP), la gaine est chauffée à haute température et exposée à de la vapeur d'eau. Après refroidissement, la gaine présente une microstructure biphasée. Le comportement mécanique d'un tel matériau biphasé est étudié en adoptant une démarche expérimentale basée sur la mise en œuvre de la corrélation d'images numériques (CIN)

Dans la 2ème partie de ce chapitre, cette technique CIN est comparée à d'autres méthodes expérimentales permettant de remonter aussi déformations locales lors d'un essai mécanique. Les principes de la CIN sont explicités et ses applications dans le domaine de la micro-mécanique sont passées en revue.

Les données expérimentales issues des essais mécaniques avec CIN ont été exploitées par une approche d'homogénéisation inverse. Dans la 3ème partie de ce chapitre, les méthodes d'homogénéisation en élasticité linéaire sont détaillées et évaluées comparativement.

1   Contexte de l'étude

1.1   Réacteur à eau sous pression (REP)

Il existe deux types de réactions nucléaires qui libèrent de l'énergie : la fusion de noyaux très légers en un noyau de taille moyenne et la fission d'un noyau très lourd en deux noyaux de taille moyenne. Cependant, à l'heure actuelle, le domaine de la fusion en est encore au stade de la recherche. Les réacteurs en fonctionnement utilisent donc la fission nucléaire. Dans un réacteur nucléaire, la réaction n'est pas amplifiée comme dans une bombe atomique, mais stabilisée. La fission est la rupture d'un gros noyau (généralement un noyau d'uranium) qui, sous l'impact d'un neutron, se scinde en deux noyaux plus petits. La fission s'accompagne d'un grand dégagement d'énergie, et simultanément se produit la libération de deux ou trois neutrons. Ces derniers vont alors pouvoir provoquer à leur tour de nouvelles fissions et la libération de nouveaux neutrons, et ainsi de suite, FIGURE I.1.

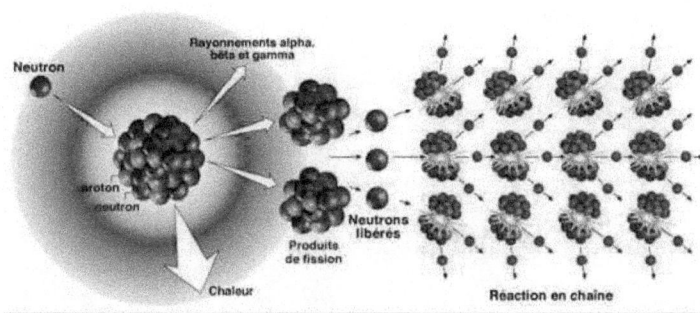

FIGURE I.1 – *Réaction en chaîne dans les centrales nucléaires*

En France, il y a actuellement 58 « réacteurs à eau sous pression » (REP), dits de deuxième génération, qui sont en fonctionnement. Ce type de réacteurs est le plus répandu à travers le monde. Les REP sont constitués d'assemblages combustibles (157 pour les réacteurs de puissance 900 MWe et 193 pour ceux de 1300 MWe) comprenant chacun un réseau carré de 264 crayons, FIGURE I.2-a. Chaque crayon est constitué de pastilles (cylindres d'environ 8 mm de diamètre et 10 mm de hauteur) de dioxyde d'uranium (UO_2) ou d'oxyde mixte d'uranium et de plutonium (MOX) empilées dans des tubes de gainage (diamètre externe de 9,5 mm, épaisseur de 0,57 mm et longueur de 4 m environ) en alliages de zirconium. Les assemblages combustibles, renouvelés par tiers ou par quart tous les 12 ou 18 mois, séjournent actuellement 3 ou 4 ans en réacteur.

Lors de la fission du combustible dans un REP, l'eau sous pression du circuit primaire (155 bars, 360 °C), appelé « caloporteur », circule entre les crayons de combustible en assurant le refroidissement du cœur du réacteur, maintenant sa température à une valeur compatible avec la tenue mécanique des gaines. Afin d'assurer un contrôle permanent des réactions dans le cœur du réacteur ou de l'arrêter totalement, des grappes de commande insérées dans les assemblages combustibles sont utilisées. Les grappes regroupent chacune 24 crayons absorbants de neutrons

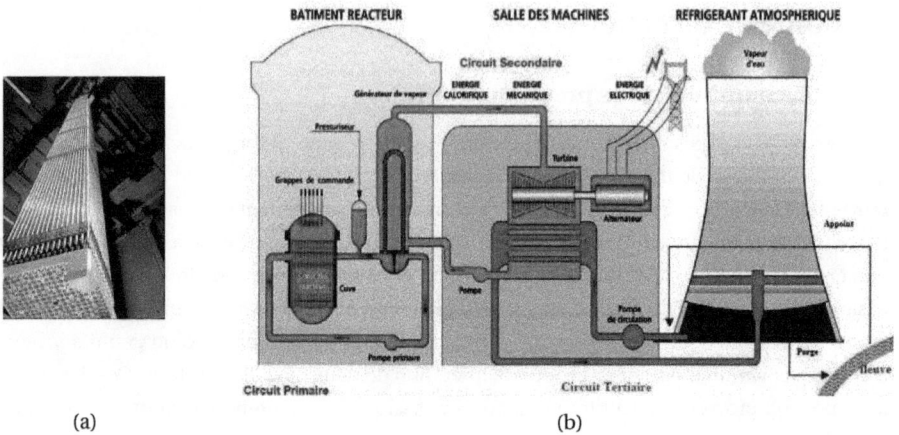

(a)   (b)

FIGURE I.2 – *(a) Assemblage combustible.(b) Principe des réacteurs à eau sous pression*

(composés d'un alliage d'argent, cadmium et indium ou de carbure de bore). En sortie des REP, l'eau du circuit secondaire est convertie en vapeur et entraine une turbine produisant l'électricité. Ensuite, la vapeur va se condenser en eau dans un condenseur refroidi par l'eau d'une rivière, de la mer ou par une tour aéroréfrigérante, FIGURE I.2-b.

1.2   Généralités sur les alliages de zirconium

a   Zirconium

Masse volumique à 20 °C (g/cm^3)	6,5
Température de fusion (°C)	1850
Chaleur spécifique à 20 °C (J/kg/°C)	276
Conductivité thermique à 20 °C (W/m/°C)	21,1
Diffusivité thermique à 20 °C (10^2 cm^2/s)	11,8
Résistivité électrique à 20 °C (μΩ cm)	44
Module d'élasticité à 20 °C (MPa)	98000
Module de cisaillement à 20 °C (MPa)	36500
Coefficient de Poisson à 20 °C	0,35

TABLE I.1 – *Principales propriétés physiques du zirconium [52]*

Le zirconium (*Zr*) est un élément de numéro atomique 40. C'est un métal, avec le titane (*Ti*) et le hafnium (*Hf*), appartenant à la colonne IVa de la classification périodique des éléments. Même si leurs propriétés chimiques sont voisines, leurs applications sont fondamentalement différentes. Le titane est utilisé principalement dans la construction aéronautique et spatiale, grâce à sa faible masse volumique et à sa résistance à la corrosion élevée. Le zirconium est le matériau de gainage de combustible nucléaire par excellence grâce à sa très faible section efficace de capture de neutrons thermiques. Les principales propriétés physiques du zirconium sont données dans la TABLE I.1. L'hafnium présente au contraire une très forte section efficace de capture, d'où sa première application dans les grappes de commande et d'arrêt des réacteurs nucléaires.

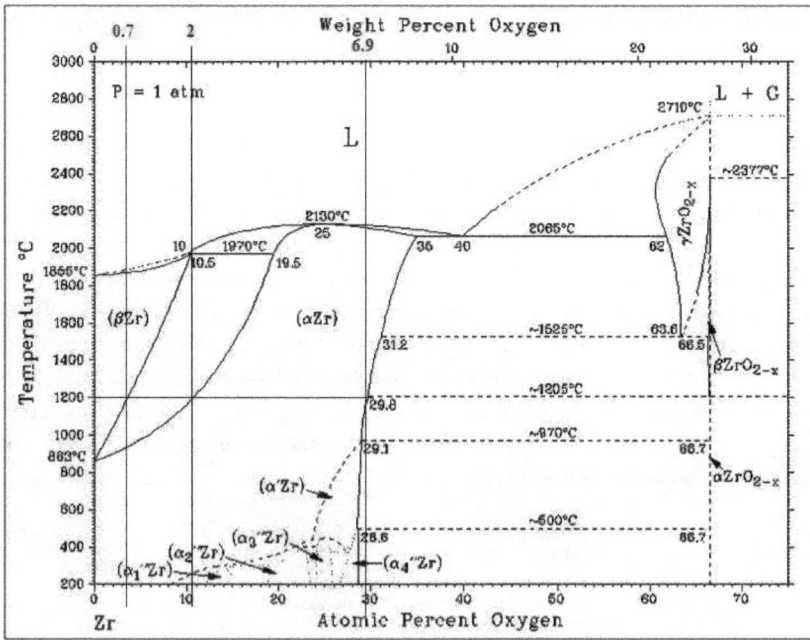

FIGURE I.3 – *Diagramme de phases binaire zirconium/oxygène [20]*

Le zirconium présente deux structures cristallographiques différentes stables respectivement à basse et à haute température : la phase α et la phase β. La température de transition $\alpha \leftrightarrow \beta$ est de 863 °C dans le cas du zirconium pur, FIGURE I.3. Les deux structures sont présentées schématiquement par FIGURE I.4 :

– Phase α : est la phase stable à température ambiante. Elle se caractérise par une structure hexagonale compacte de paramètres de maille à 20 °C : $a_\alpha = 3,23$ Å et $c_\alpha = 5,15$ Å, avec un rapport $c_\alpha / a_\alpha = 1,587$. Ce rapport est inférieur à 1,633 (soit $\sqrt{\frac{8}{3}}$) qui est le rapport théorique de compacité idéale du système hexagonal, ceci signifiant que les plans préférentiels de glissement plastique à basse température sont les plans prismatiques.

– Phase β : est la phase stable à haute température. Elle présente une structure cubique centrée de paramètre de maille à 870 °C : $a_\beta = 3,61$ Å.

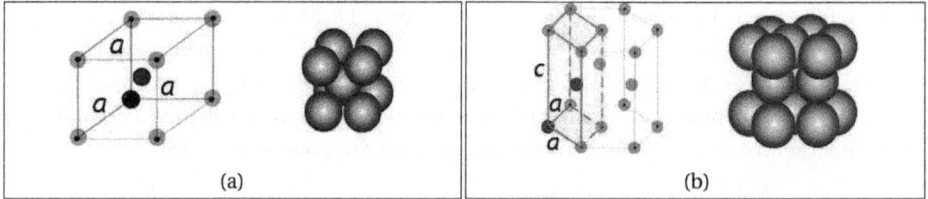

FIGURE I.4 – *Structure cubique centrée (a) et structure hexagonale compacte (b)*

b Zircaloy-4

L'utilisation des alliages de zirconium pour le gainage du combustible est liée à leur très faible absorption des neutrons thermiques, à leur bonne résistance à la corrosion sous irradiation par l'eau à haute température et à leurs bonnes propriétés mécaniques à chaud. En plus de son rôle de maintien des pastilles de combustible et de transfert thermique entre le combustible et l'eau du circuit primaire, la gaine constitue la première barrière de confinement du combustible en empêchant la dissémination des produits de fission (notamment gazeux) dans le circuit primaire et donc sa contamination. Le zircaloy-4 (Zy-4) est l'un des alliages les plus communément utilisés, il est composé de zirconium (98,23 %mass.), d'étain (*Sn*, de 1,2 à 1,7 %mass.), de fer (*Fe*, de 0,18 à 0,24 %mass.), de chrome (*Cr*, de 0,07 à 0,13 %mass.), d'oxygène (0, de 0,10 à 0,15 %mass.) plus des impuretés. La TABLE I.2 présente l'influence de la teneur des éléments ajoutés sur les propriétés mécaniques du Zy-4 lors d'une traction.

Élément	$R^{p0,2}$	R^m	Allongement
Si	+	-	
P	-	-	+
C	-		-
Sn	+	+	-
Fe + Cr	+	+	-

TABLE I.2 – *Effet des éléments d'alliage sur les propriétés mécanique du zircaloy-4 en traction [52] («+» : augmentation, «-» : diminution) : limite d'élasticité conventionnelle ($R^{p0,2}$) et résistance à la traction (R^m)*

Conditions nominales de fonctionnement : irradiation, oxydation et hydruration

Dans les conditions nominales lors de leur séjour en réacteur, les gaines Zy-4 subissent en permanence les effets de l'irradiation neutronique, de l'oxydation et de l'hydruration par l'eau du circuit primaire, celle-ci étant maintenue à une température d'environ 360 °C et à une pression de 155 bars. D'après le diagramme binaire $Zr - O$, FIGURE I.3, c'est la phase α du zirconium qui est stable à cette température. L'irradiation conduit à la création de défauts microstructuraux, tandis que l'oxydation forme progressivement une couche de zircone (maximum ~ 100 μm d'épaisseur) à l'extérieur de la gaine, sans diffusion significative de l'oxygène dans le métal sous-jacent. La gaine est principalement constituée de deux couches, l'une est l'oxyde et l'autre le métal en phase α

dans cette condition nominale. Les atomes d'hydrogène sont aussi produits (par dissociation de la molécule d'eau) dont une partie est absorbée dans la gaine. Une fois la limite de solubilité de l'hydrogène atteinte, l'hydrogène précipite sous forme d'hydrures de zirconium. Ces modifications microstructurales, croissantes en fonction du taux de combustion, dégradent les propriétés mécaniques du gainage.

1.3 Le gainage en situation accidentelle d'APRP

Au cours d'un APRP, le gainage est chauffé à haute température et le métal, initialement en phase α, passe en phase β à partir de 800-850°C environ, FIGURE I.5. Il subit également à haute température une oxydation par vapeur d'eau présence dans la cuve du réacteur. La prise de masse due à l'oxydation suit une loi cinétique de type $\Delta m = kt^{1/n}$, l'exposant n étant proche de 2 (c'est-à-dire une cinétique parabolique) pour des températures d'oxydation supérieures à 1000°C, FIGURE I.6. La majeure partie de l'oxygène incorporé réagit pour former de la zircone en face externe de la gaine, mais une autre partie de l'oxygène diffuse dans le métal sous-jacent. Du fait de l'enrichissement du métal en oxygène, la partie métallique externe de la gaine sous la zircone, initialement en phase β si la température est supérieure à 863°C, se transforme en phase α, qui présente contrairement à la phase β une très grande solubilité de l'oxygène, jusqu'à près de 7% en masse. La partie centrale de la gaine reste en phase β.

Pour des scénarios APRP de type « brèche intermédiaire », pour lesquels les températures d'oxydation restent relativement faibles (de l'ordre de 1000°C ou moins), une zone intermédiaire biphasée $\alpha + \beta$ peut exister entre la couche α riche en oxygène et la zone centrale β pure, FIGURE I.7-a. Cette zone biphasée peut même occuper la totalité de la partie centrale de la gaine (c'est à dire qu'il n'y a en fait plus de zone centrale monophasée β) si la température est de l'ordre de 900°C, FIGURE I.7-b.

Pour les scénarios dits de grosse brèche, la température atteint plutôt de l'ordre de 1200°C, et la zone centrale est alors entièrement en phase β, si quelques incursions de la couche $\alpha(O)$ sont exclues [1]. Par contre, du fait d'une solubilité significative de l'oxygène dans la phase β à ces températures, cette zone monophasée β peut quand même contenir une quantité d'oxygène relativement importante. Lors de la mise en œuvre des injections de sécurité, la température des assemblages va au départ baisser progressivement, sur 100 à 200°C, avant la trempe au moment de l'arrivée du front liquide. Pendant cette phase de refroidissement lent (de l'ordre de quelques degrés par seconde), la phase α va précipiter, préférentiellement aux joints des grains β, sous forme d'aiguilles qui vont progressivement s'épaissir et concentrer l'oxygène. Ainsi, à la fin du refroidissement, la zone centrale, qui était à haute température monophasé β riche en oxygène, se sera transformée en une zone biphasée $\alpha(O) + \beta$, FIGURE I.7-c.

---

1. Brachet et al. [13] ont proposé une explication pour l'apparition d'incursions de la phase $\alpha(O)$ au sein de la zone β au cours de l'oxydation à haute température : à partir du moment où la limite de solubilité de l'oxygène dans la phase β est atteint dans la zone centrale interne, l'oxygène suit les joints des grains β, entrainant la germination des inclusions de phase $\alpha(O)$. Les inclusions $\alpha(O)$ sont progressivement épaissies par diffusion.

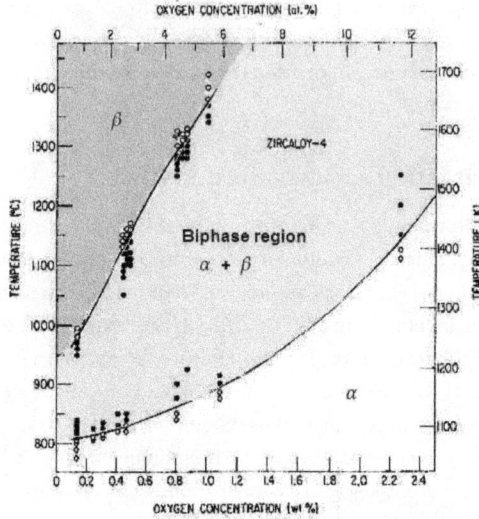

FIGURE I.5 – *Diagramme d'équilibre pseudo-binaire zircaloy-4/oxygène, côté riche en Zr [20]*

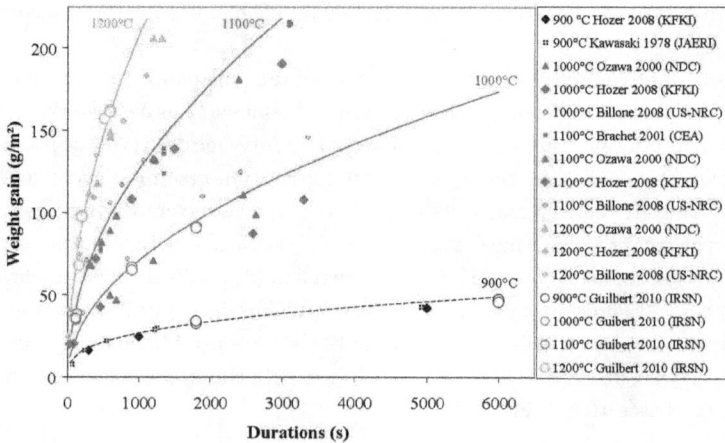

FIGURE I.6 – *Prise de masse en fonction du temps pour l'oxydation d'échantillons Zircaloy-4 sous vapeur d'eau. Les lignes continues correspondent à la corrélation Cathcart-Pawel. La ligne en pointillés correspond à une loi cubique ajustée aux données expérimentales [38]*

(a)

(b)   (c)

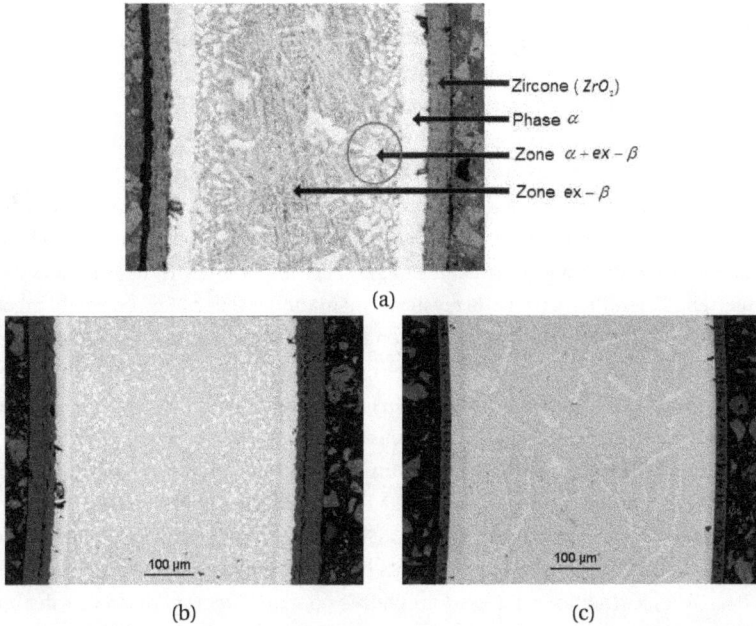

FIGURE I.7 – *Différentes microstructures de gaines pouvant être rencontrées après une oxydation du Zircaloy-4 sous vapeur d'eau à haute température :*

(a) gaine pré-oxydée sous O_2 à 500°C pendant 40 jours, puis oxydée à 1000°C sous vapeur d'eau pendant 30 minutes, et refroidie sans trempe,

(b) gaine pré-oxydée sous O_2 à 500°C pendant 30 jours, puis oxydée à 900°C sous vapeur d'eau pendant 100 minutes, et refroidie sans trempe,

(c) gaine initialement vierge, oxydée sous vapeur d'eau à 1100°C pendant 100s, refroidie à 5°C/s jusqu'à 900°C puis trempée.

Ainsi quel que soit le scénario considéré, la zone centrale de la gaine apparait être biphasée et peut être considérée comme un composite métallique formé d'inclusions α riches en oxygène et rigides dispersées dans une matrice β pauvre en oxygène et ductile. Or c'est cette zone centrale qui conserve une certaine ductilité et assure la tenue mécanique post-trempe du gainage, la couche d'oxyde et la couche $\alpha(O)$ étant elles totalement fragiles.

1.4 Étude des propriétés mécaniques d'un matériau composite

Afin d'étudier le comportement de ce matériau biphasé, un microscope couplé avec un algorithme de corrélation d'images numériques bidimensionnelle (CIN-2D) est utilisé pour mesurer les champs de déplacements et de déformations microscopiques au cours d'une sollicitation donnée. Dans le cas de l'étude considérée, il s'agit d'essais de traction uniaxiale. Le principe des méthodes de mesure des champs, y compris CIN-2D, est présenté dans le 2ème paragraphe.

Une fois obtenus, les champs cinématiques mesurés permettent de contribuer à la construction et à la validation des méthodes d'homogénéisation dites inverses (MHI) pour la classe des matériaux à matrice métallique et inclusions fragiles. Les méthodes MHI développées dans cette thèse permettent d'identifier, à partir de mesures cinématiques planes, les propriétés mécaniques d'une phase inconnue d'un matériau biphasé en connaissant celles de l'autre phase. Celle-ci se situe parmi les méthodes d'identification inverse des propriétés mécaniques par phase à partir de mesures de champs. Dans la littérature, plusieurs méthodes d'identification inverse ont été proposées : le recalage par éléments finis (ou finite element models updating - FEMU) [56, 81], l'erreur en relation de comportement (ou error in constitutive relation - ECR) [33], l'écart à la réciprocité (ou reciprocity gap method - RGM) [50], l'écart à l'équilibre (ou equilibrium gap method - EGM) [21] et la méthode des champs virtuels (ou virtual fields method - VFM) [36]. Parmi les méthodes proposées dans la littérature, celle qui est la plus fiable et flexible est la méthode de recalage par éléments finis (REF). La méthode REF est donc choisie pour qualifier la performance des méthodes MHI dans le dernier chapitre de ce mémoire.

Dans le 3ème paragraphe, les principes généraux de la méthode d'homogénéisation dans une démarche directe seront tout d'abord présentés. Ensuite, la construction et la validation des méthodes d'homogénéisation inverses seront détaillées dans le chapitre III.

2   Techniques de mesure des champs cinématiques 2D

2.1   Généralités

L'un des objectifs principaux de cette thèse est de déterminer le champ de déformations à la surface du matériau hétérogène (zircaloy-4 oxydé) lors d'une sollicitation mécanique. Il existe actuellement plusieurs méthodes permettant de mesurer des comportements mécaniques surfaciques. Contrairement aux techniques traditionnelles d'extensométrie par jauges qui fournissent des mesures moyennes locales 1D à l'échelle macroscopique (quelques mm, voir cm), les techniques de mesure de champs, plus récentes, permettent des mesures 2D des hétérogénéités locales à une échelle beaucoup plus petite (inférieur au mm^2). C'est la raison pour laquelle la technique de mesure de champs est retenue.

Les méthodes de mesure de champs 2D possèdent l'avantage d'être sans contact et non destructives, les mesures se font donc sans perturber la surface. Grâce aux techniques de mesure de champs, plusieurs aspects peuvent être mesurés : température, déplacements, déformations, etc. Deux grandes familles peuvent être distinguées : les techniques issues des lois de l'optique et les techniques d'analyse d'images.

a   Techniques issues des lois de l'optique

Parmi les méthodes actuelles, les plus connues sont la photoélasticimétrie et les méthodes interférométriques. Elles nécessitent un montage complexe de systèmes optiques, ce qui les rend plus coûteuses que les techniques d'analyse d'images.

Photoélasticimétrie

La photoélasticimétrie est une technique de champ qui mesure de façon quantitative le niveau et la direction des contraintes principales dans toute la surface étudiée ayant une taille relativement grande (entre quelques mm^2 et quelques cm^2) . Cette méthode est basée sur l'effet optique appelé biréfringence (ou double réfraction) de certains matériaux transparents (résine epoxy, polyméthylméthacrylate (PMMA), etc.) qui est causée par l'application d'un état de contrainte. A l'aide d'un polariscope, des franges isochromes et isoclines représentant la répartition de la contrainte peuvent être observées, FIGURE I.8 [70, 61, 19, 7].

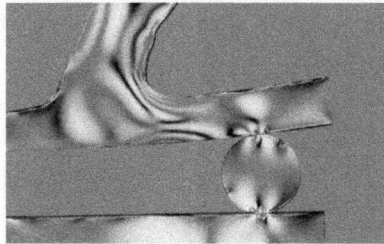

FIGURE I.8 – *Franges isochromes et isoclines d'une expérience de photoélasticimétrie*

Méthodes interférométriques

– **Interférométrie holographique** : Cette méthode permet de voir la forme et de qualifier l'ordre de grandeur du champ de déformations d'une surface étudiée de taille aussi relativement grande (de quelques cm^2 à 1 et 2 m^2). Elle consiste à analyser les franges d'interférences données par deux faisceaux voisins d'une même onde laser, ces deux faisceaux étant diffusés avec des angles incidents opposés. L'observation des franges est faite sur une plaque holographique. Les franges d'interférences correspondent à une ligne de niveau de la déformation [3, 26, 79]. Cette méthode est utilisée pour l'étude des structures de taille importante dans les secteurs industriels comme l'automobile ou l'aéronautique par exemple.

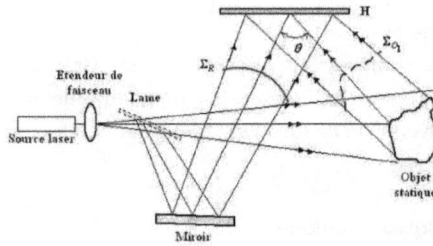

FIGURE I.9 – *Enregistrement d'un hologramme en temps réel*

– **Moiré interférométrique** : Le moiré interférométrique et l'interférométrie holographique
sont des techniques voisines. Cette technique repose sur le phénomène de diffraction d'une
onde lumineuse monochromatique par un réseau de pas régulier [71]. Ce réseau, déposé à la
surface de l'échantillon à étudier, est éclairé par deux faisceaux avec les angles incidents opposés. En l'absence de charge, l'ordre de diffraction du premier faisceau est confondu avec
l'ordre de diffraction du deuxième faisceau, FIGURE I.10-a. Lorsque le modèle se déforme, le
pas du réseau de diffraction se modifie rompant la symétrie précédente : les faisceaux diffractés ne se superposent plus parfaitement mais forment un angle entre eux, FIGURE I.10-b.
Il y aura donc apparition de franges d'interférence qui peuvent être visualisées en plaçant un
écran parallèle à la surface étudiée sur le trajet des faisceaux diffractés. La mesure de déplacement ou de déformation se fera par dépouillement manuel ou utilisation d'algorithmes de
démodulation de phase.

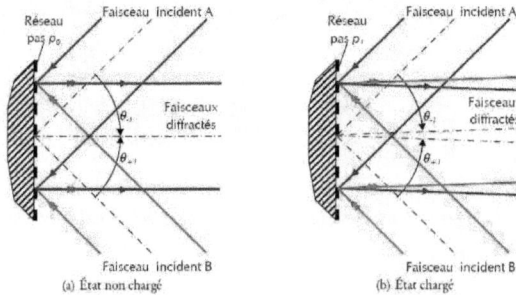

FIGURE I.10 – *Schéma de principe du moiré interférométrique* [62]

Le moiré interférométrique a été utilisé par Labbe et al. [55], Nicoletto [64] ou Guo et al.[39]
pour détecter les hétérogénéités de déformation de polycristaux dans le domaine plastique
d'une tôle en aluminium à grains grossiers (quelques mm^2) sollicitée par un essai de traction, FIGURE I.11. La taille des grains est de l'ordre de la largeur de l'éprouvette d'essai. En
analysant les franges d'interférence, des déformations hétérogènes mesurées aux différents
instants permettent d'identifier la zone présentant la localisation des déformations et la
striction.

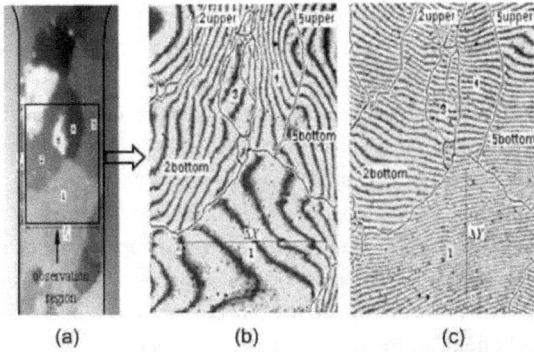

(a)　　　　　(b)　　　　　(c)

FIGURE I.11 – *Champ de déplacements observé par Moiré interférométrique sur une éprouvette en aluminium à grains grossiers [39] : (a) zone d'étude, (b) champ de déplacements $\vec{u}_x$, (c) champ de déplacements $\vec{u}_y$*

Concernant les applications micrométriques, La Porta et al. [54] ont utilisé le moiré interférométrique microscopique pour étudier les champs de déformations à l'échelle des grains (taille des grains ~ 25µm) d'un échantillon en inox 316 sur un domaine de 478 x 370 µm² à l'extrémité de la fissure. Couplé avec une caméra à haute résolution (1,4 million pixels), la sensibilité d'interférométrie de 0,417µm/frange permet d'obtenir une mesure de déplacement ~ 40nm. Bastawros and Kim [6] ont utilisé le moiré interférométrique pour mesurer à l'échelle de la microstructure (taille des grains ~ 80µm) les composantes planes du tenseur des déformations Almansi (de 0,1% à 10%) à l'extrémité de la fissure d'un polycristal d'aluminium 6061-T6, FIGURE I.12.

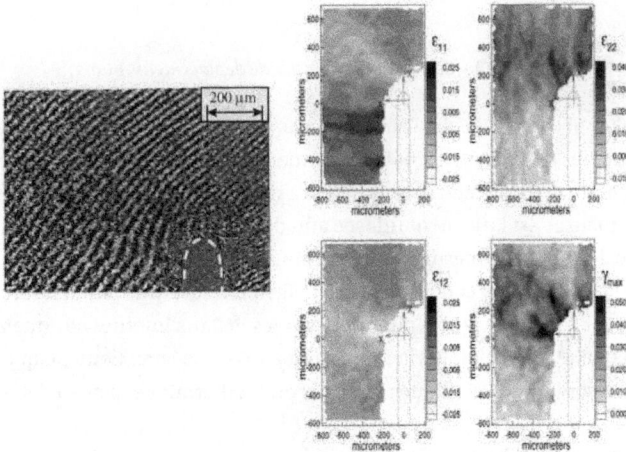

FIGURE I.12 – *Champ de déformations Almansi mesuré par Moiré interférométrique [6]*

– **Interférométrie de speckle** : La différence de l'interférométrie de speckle [51, 18, 57] par rapport à l'interférométrie holographique classique est que le réseau des franges créé par l'interférence des différents faisceaux réfléchis n'est plus régulier, mais au contraire un motif aléatoire d'intensité lumineuse. La lumière la plus souvent utilisée est une lumière cohérente obtenue par laser. De plus, l'interférométrie de speckle permet l'utilisation de caméras CCD (Charge Coupled Device) pour visualiser le champ de déplacements de la surface d'un objet diffusant au lieu d'une plaque holographique. Le principal avantage de la méthode d'inter- férométrie de speckle est qu'elle permet la mesure des déplacements hors-plans d'une sur- face, ce que peu de méthodes proposent. Un faisceau laser est divisé en deux par une lame séparatrice, un premier faisceau est envoyé directement vers la caméra et servira de faisceau de référence tandis que l'autre est agrandi et envoyé vers la surface à étudier, FIGURE I.13. Cette technique est limitée à des matériaux à surface rugueuse. Elle est très sensible aux per- turbations extérieures (les turbulences de l'air, les vibrations du milieu extérieur, la variation de la pression et de la température, la présence de poussière, etc.).

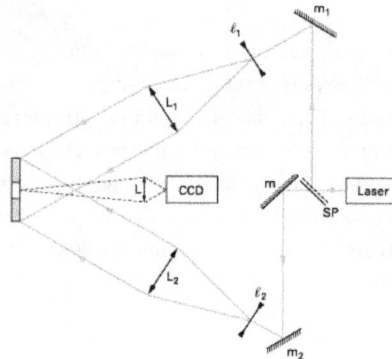

FIGURE I.13 – *Schéma pour mesure de déplacements plans [82]*

Concernant l'application à l'échelle micrométrique, l'interférométrie de speckle à laser est uti- lisée pour mesurer les déplacements et les déformations microscopiques avec une résolution de l'ordre du nanomètre (0,01-0,05 μm). La différence d'amplitude des déformations entre les zones intactes et défectueuses est largement utilisée afin de détecter les défauts internes [40, 69, 89, 48, 49]. Par exemple, Habib [40] a mesuré les déplacements et les déformations 2D d'un acier au car- bone revêtu par la résine époxy et qui subit un changement sévère de température entre la journée et la nuit. Park et al. [69] l'ont utilisé pour détecter les défauts internes sur une zone de taille de certaine mm^2 d'une plaque en matériau de combustible nucléaire. Cette plaque présent des dé- formations microscopiques périodiques dues aux ondes thermiques sinusoïdales et périodiques.

b Techniques d'analyse d'images

Les techniques d'analyse d'images sont basées sur la comparaison de deux images successive- ment enregistrées au cours d'une sollicitation mécanique. Le champ de déplacements est déterminé en mesurant le mouvement des marqueurs déposés à la surface de l'objet. Parmi les techniques actuelles, les plus connues sont la méthode de grille et la méthode de corrélation d'images numériques 2D. Ce type de techniques permet des applications à différentes échelles. Pour cela, il suffit de disposer un système d'observation et un marquage adapté au niveau d'observation souhaité. Quant aux marquages, les cinq types les plus souvent utilisés sont :

- **Texture naturelle (marquage aléatoire)** : La surface observée est suffisamment texturée pour le moyen d'observation utilisé, aucun ajout n'est nécessaire sur la surface.

- **Dépôt par peinture (marquage aléatoire) :** Le mouchetis aléatoire en niveaux de gris est créé par une pulvérisation de peinture (noire et blanche) sur la surface de l'objet. L'avantage de cette technique est le bon contraste local créé en tout point de la surface. Son inconvénient est le fait qu'elle cache la microstructure et que la maîtrise des caractéristiques du mouchetis (taille, distribution, etc.) est difficile.

- **Dépôt par micro-électrolithographie (marquage périodique)** : Le mouchetis périodique sous forme de micro-grilles (points ou lignes) est créé par dépôt de métal (or, platine, agent, nickel, etc.) sur la surface de l'objet après irradiation de la résine déposée au préalable, FIGURE I.14. L'observation est faite en MEB (Microscopie électronique à balayage), en mode BSE (contraste chimique). Le contraste est lié à la différence de numéro atomique entre le matériau de l'objet et celui du métal déposé. Le pas des grilles peut varier de 1 à 20 μm sur une surface de 1 mm². L'avantage de cette technique est la visibilité de la microstructure de la surface. Son inconvénient est le fait qu'elle n'est pas adaptable à tous types de matériaux et la procédure de préparation est complexe.

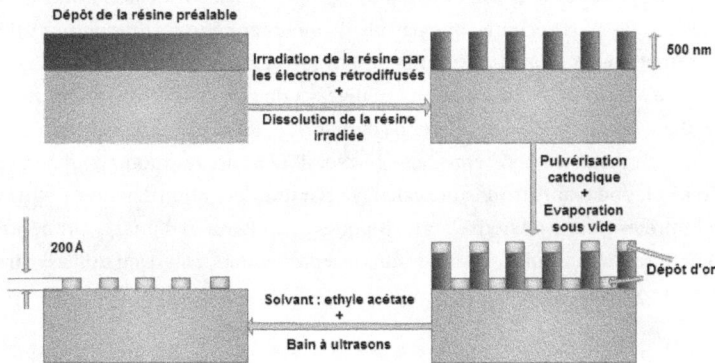

FIGURE I.14 – *Principe du dépôt d'or par micro-électrolithographie [24]*

- **Gravure chimique (marquage aléatoire)** : Le mouchetis aléatoire est gravé sur la surface par trempage de l'objet dans une solution acide (procédure chimique) ou par frottage de coton sur la surface (procédure mécano-chimique). L'avantage de cette technique est la rapidité dans la préparation. Son inconvénient est le fait qu'elle n'est pas adaptable à tous types de matériaux, tout comme la micro-électrolithographie, et difficilement reproductible.

- **Gravure laser (marquage périodique)** : L'énergie thermique du faisceau laser est appliquée directement sur la surface de l'objet, chaque impulsion va créer une alvéole par évaporation du métal. Le pas du marquage n'est que de 400 lignes par centimètre (i.e. 25 μm). Les tailles du marquage obtenues par cette méthode varient de quelques μm à 35 μm pour la profondeur, et de 25 à 140 μm pour les diamètres. L'inconvénient est le fait que cette technique crée le mouchetis de taille assez grande par rapport aux autres technique et le prix de préparation de surface est élevé.

Parmi les techniques citées ci-dessus, les plus utilisées sont les techniques de dépôt de grille ou de mouchetis aléatoire par dépôt de peinture. Les algorithmes d'analyse d'images sont différents suivant que le marquage est périodique ou aléatoire.

Méthode de grille

Dans cette méthode [2, 87, 30, 37, 83], la grille périodique déposée est réalisée par microélectrolithographie ou par gravure laser, la grille créée doit avoir un contraste suffisant pour pouvoir suivre son déplacement au cours d'une sollicitation mécanique, FIGURE I.15. La nature de grille déposée doit être compatible avec le moyen d'observation et avec le matériau de l'objet. Pour distinguer la grille et la surface de l'objet, un seuil de niveaux de gris est généralement fixé. Dans le cas où le matériau est constitué de plusieurs phases de contrastes différentes, des seuillages multiples permettent de s'affranchir du problème, mais cela conduit une multiplication des erreurs. La technique de grille est utilisée pour faire des essais avec un microscope électronique à balayage (MEB), ce qui nécessite de développer un dispositif de traction qui rentre dans la chambre du MEB. Le temps de dépouillement d'une surface élémentaire représentative est important (~ une semaine).

La méthode de grille est la technique la plus ancienne car elle permettait un dépouillement à la main. Des études plus récentes ont permis d'améliorer cette technique par utilisation des procédure automatique et plus performante faisant recours à la corrélation d'images [24]. Cette méthode consiste à retrouver l'information (en niveaux de gris) associée aux marqueurs déposés et à les isoler dans les deux états de référence et déformé. En réalisant la différence de coordonnées des marqueurs entre les deux états, elle permet d'identifier le champ de déplacements. Les déformations locales peuvent être ensuite calculées par une dérivation discrète. Cette méthode est peu fiable et imprécise face à de nouvelles techniques de traitement d'images numériques sur des mouchetis aléatoires. Néanmoins, dans certains cas particuliers, elle reste utilisée car l'approche est simple et peu couteuse.

FIGURE I.15 – *Différents motifs utilisés dans la méthode de grille [24]*

Concernant le secteur d'application micrométrique, Doumalin [24] a étudié des déformations de micro-grilles d'or observées au MEB en utilisant la technique de corrélation d'images. Son étude permet de définir des paramètres optimaux pour la mesure du champ local de déformation. Il a caractérisé le phénomène de bandes de localisation de la déformation à faible niveau de déformation macroscopique (entre 1% et 10%) dans les matériaux hétérogènes (matériau biphasé Nickel/Argent, polycristal de zirconium). Il est capable de mesurer le champ local de déformation sur une zone ~ 0,4mm^2 (4000 x 4000 pixels) avec une précision locale de l'ordre de 1% de déformation sur une base de mesure de 10μm.

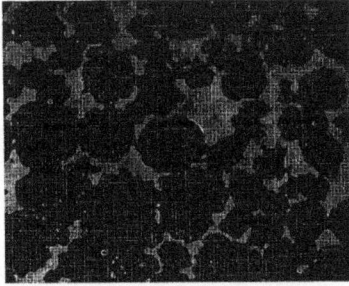
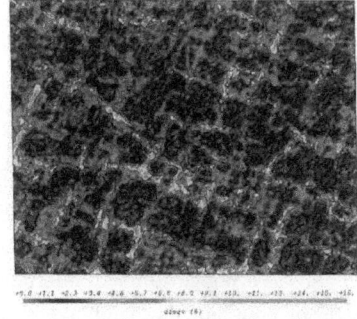

(a)   (b)

FIGURE I.16 – *(a) Image de la micro-grille sur une zone de 500 x 440 μm^2. (b) Champ de déformation équivalente à 4,2% de déformation macroscopique du matériau biphasé Nickel/Argent [24]*

Méthode de corrélation d'images numériques bidimensionnelle (CIN-2D)

La corrélation d'images numériques 2D permet de déterminer, lors d'une sollicitation mécanique, les déplacements en tous points de la surface observée de l'éprouvette. Pour cela, des images de la surface sont acquises pendant la sollicitation et comparées entre elles. Cette comparaison nécessite la présence sur les images de motifs aléatoires et de taille adaptée à l'échelle d'observation. Sur chaque point à analyser d'une image dite de « référence », une zone dite zone de corrélation (ZC), qui contient un motif unique, est définie autour du point. Sur l'image correspondant à l'état « déformé », ce motif est recherché, par minimisation d'une fonction dite d'intercorrélation, ce qui permet de déterminer la nouvelle position du point central. La recherche s'effectue sur une zone limitée préalablement définie, dite zone de recherche (ZR), FIGURE I.17. Pour chaque point analysé, les composantes de déplacement dans le plan entre l'état de référence et l'état déformé sont ainsi déterminées. La procédure de recherche fait intervenir une étape d'interpolation de la fonction d'intercorrélation, ce qui donne aux mesures de déplacement une résolution sub-pixel. Les déformations locales sont ensuite calculées par dérivation numériques des champs de déplacement obtenus.

Contrairement à la méthode de grille, la méthode CIN-2D n'est pas limitée à la distance entre les points puisque le mouchetis est réparti sur la totalité de la surface. Une analyse par corrélation d'images est rapide et n'a pas besoin d'une préparation complexe de surface. Le développement

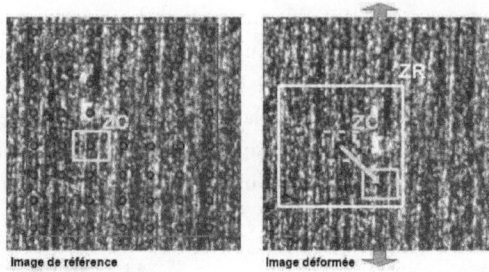

FIGURE I.17 – *Principe de la méthode de corrélation d'images numériques 2D*

rapide des caméras CCD peu onéreuses, de mise en œuvre facile, simples pour choisir le grandissement permet l'utilisation de moyens de mesure non intrusifs et sans contact. Concernant l'échelle
d'étude, la résolution de la méthode dépend du système d'observation ainsi que des paramètres
de corrélation. La précision de cette méthode pour la mesure des déplacements est sub-pixel grâce
à l'utilisation d'algorithmes d'interpolation de la fonction d'inter-corrélation [95] (cf. Eq. I.7). C'est
la raison pour laquelle la méthode de corrélation d'images numériques, étant très largement utilisée dans la communauté française, est choisie dans les présents travaux.

Des applications de la méthode existent à l'échelle microscopique, les images sont alors acquises par une caméra CCD via un microscope optique. Il y a cependant peu de données disponibles dans la littérature à cette échelle. Les études les plus significatives sont celles réalisées par
El Bartali [25], Bodelot [8] et Triconnet [90]. El Bartali [25] a analysé l'endommagement de surface
en fatigue à l'échelle de la microstructure (taille des grains ∼ 10μm) d'une éprouvette en acier inoxydable duplex à partir de champs cinématiques mesurés au cours d'une sollicitation cyclique.
Les images prises au cours de la déformation ont une résolution spatiale de 0,7 μm. Le matériau
est poli puis attaqué électrochimiquement afin de créer des motifs pour la corrélation d'images,
FIGURE I.18.

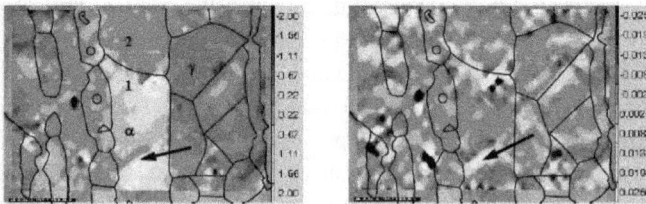

FIGURE I.18 – *Détection de l'amorçage par analyse des champs de déplacements (gauche) et de déformations
(droit) sur une zone de taille 120 x 90* μm² *[25]*

Bodelot [8] a étudié le couplage des mesures de champs cinématiques et thermiques à l'échelle
de la microstructure (taille des grains de l'ordre de 130 μm) d'une éprouvette en acier inoxydable
AISI 316L ayant subi un traitement thermique. La résolution spatiale atteinte au cours des essais

de traction monotone uniaxiale est de 6,5 x 6,5 μm^2 par pixel. Après polissage, un mouchetis microscopique est déposé à l'aide d'un aérographe et d'une poudre micrométrique (constituée de talc et d'oxydes de titane, de fer, zinc et chrome) mise en solution dans l'éthanol, FIGURE I.19.

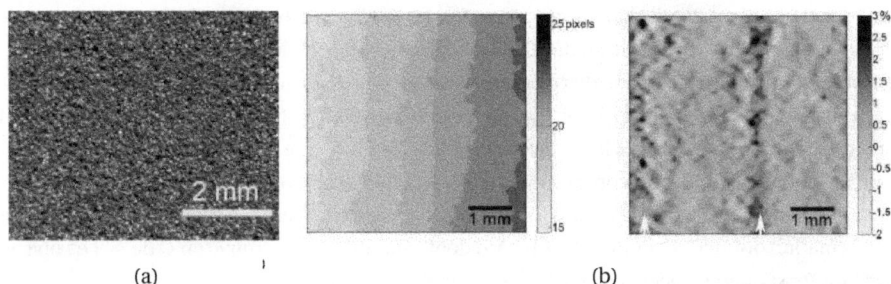

(a)   (b)

FIGURE I.19 – (a) Mouchetis déposé sur la surface par aérographe d'une poudre micrométrique. (b) Champ de déplacements et de déformations dans la direction de traction $\overrightarrow{y}$ d'une zone de 5 x 5 mm² [8]

En couplant la technique de mesure CIN-2D à des échelles d'observations microscopiques avec la méthode des champs virtuels, Triconnet [90], quant à elle, a analysé des champs cinématiques mesurés afin d'identifier les paramètres d'une loi de comportement d'un matériau modélisant l'inter-phase d'un composite à fibres. Les images prises au cours des essais de traction ont une résolution spatiale en déplacement de 11,5 μm. Le dépôt de mouchetis à la surface est réalisé par pulvérisation d'or, FIGURE I.20.

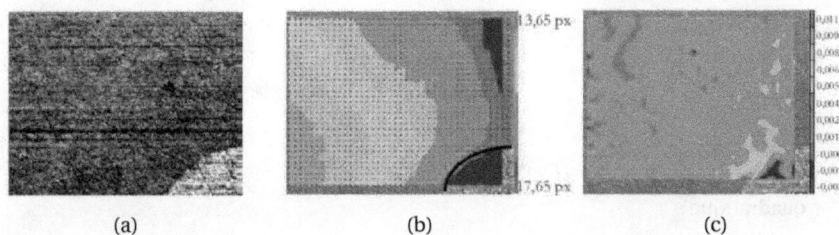

(a)   (b)   (c)

FIGURE I.20 – (a) Mouchetis déposé sur la surface d'un composite à fibres par pulvérisation d'or. Champ de déplacements (b) et de déformations (c) dans la direction de traction $\overrightarrow{x}$ d'une zone de 900 × 750 μm^2 [90]

2.2   Algorithmes et logiciels de CIN-2D

Dans la suite, les principes de certains logiciels de CIN-2D les plus cités dans la littérature sont présentés :

   – « Correli-LMT » [43] et « Correli-Q4 » [44, 45] développés au LMT Cachan par F. Hild et ses collaborateurs.
   – « Kelkins » [95, 10] développé au LMGC de Montpellier par B. Wattrisse et ses collaborateurs.
   – « Vic-2D » (www.correlatedsolutions.com) développé par la société Correlated Solutions.

a Identification du champ de déplacements

Une image numérique correspond à un signal 2D discret en niveaux de gris dans le plan observé, chaque point de coordonnées $\vec{x}$ est caractérisé par un niveau de gris $f(\vec{x})$. Pour une image codée sur n bits, il y a 2^n niveaux de gris, d'où $f(\vec{x}) \in [0, 2^n]$. La transformation existante entre les deux images est ainsi semblable au décalage de deux signaux 2D.

Soient deux images I_1 (image de référence) et I_2 (image déformée) d'une même surface prises à deux instants différents t_1 et t_2. Sur I_1, une zone de corrélation (ZC) de taille $(2l_x + 1) \times (2l_y + 1)$ pixels centrée au point P situé à la surface est choisie. Le motif que contient la zone de corrélation est utilisé pour déterminer les composantes planes du déplacement au point P. Les points d'étude P sont régulièrement espacés d'un pas δ de manière à recouvrir toute la surface d'étude. Après une transformation donnée, le point P de I_1 fait un déplacement $\vec{u}$ et se trouve en Q de I_2. Les niveaux de gris de P et Q sont respectivement $f(\vec{x} - \vec{u})$ et $g(\vec{x})$ tels que :

$$g(\vec{x}) = f(\vec{x} - \vec{u}) + \eta(\vec{x}) , \tag{I.1}$$

où $\eta(\vec{x})$ est le bruit additif de l'image. En fait, les images enregistrées par le système d'acquisition numérique contiennent inévitablement différents types de bruit (bruit de photon, bruit de numérisation, bruit d'obscurité, etc.), le déplacement calculé est ainsi différent de sa valeur réelle [95, 94, 44].

Fonction de forme

Pour déterminer le champ de déplacements $\vec{u} = (u, v)$ par corrélation d'images, il est nécessaire de faire des hypothèses de transformation des ZC. La transformation peut être constante (déplacement de corps rigide), affine (déformation homogène) ou quadratique (déformation hétérogène) :
– constante :

$$u(x, y) = a_0 \quad \text{et} \quad v(x, y) = b_0 , \tag{I.2}$$

– affine :

$$u(x, y) = a_0 + a_1 x + a_2 y \quad \text{et} \quad v(x, y) = b_0 + b_1 x + b_2 y , \tag{I.3}$$

– quadratique :

$$u(x,y) = a_0 + a_1 x + a_2 y + u_3 xy + a_4 x^2 + a_5 y^2 \quad \text{et} \quad v(x,y) = b_0 + b_1 x + b_2 y + b_3 xy + b_4 x^2 + b_5 y^2 . \tag{I.4}$$

Dans la plupart des cas, une transformation affine est retenue si la ZC est petite et les gradients de déformation sont faibles.

Coefficient de corrélation

Après avoir choisi la forme de la transformation, pour déterminer le champ de déplacements réel $\vec{u}$, la fonction $f(\vec{x} - \vec{u})$ de I_1 est comparée avec la fonction $g(\vec{x})$ de I_2 sur toute la zone de corrélation. Le déplacement test $\vec{u}$, qui minimise l'écart de distribution de niveaux de gris entre $f(\vec{x} - \vec{u})$ et $g(\vec{x})$, est à déterminer. Cette détermination a recours à un processus de minimisation (ou maximisation) d'un coefficient dit de corrélation $C(\vec{u})$. Le processus de minimisation (ou maximisation) des $C(\vec{u})$ peut être réalisé soit dans l'espace réel (calcul direct), soit dans l'espace de Fourrier (calcul par transformée de Fourrier).

Le coefficient de corrélation le plus simple s'écrit sous forme d'une somme des différences entre $f\left(\vec{x} - \vec{u}\right)$ et $g(\vec{x})$ au sens des moindres carrées (Sum of Squared Differences) :

$$C_{SSD}\left(\vec{u}\right) = \int_{ZC} \left(g(\vec{x}) - f\left(\vec{x} - \vec{u}\right)\right)^2 d\vec{x} \,, \tag{I.5}$$

où ZC est la zone de corrélation. Le coefficient de corrélation atteint sa valeur minimale, 0, lorsque $\vec{u} = \vec{u}$ en l'absence de bruit ($\eta(\vec{x}) = 0$). La fonction $C_{SSD}\left(\vec{u}\right)$ ne peut être utilisée que si aucune perturbation de l'image n'existe, car elle est sensible aux variations locales d'intensité lumineuse entre l'image de référence et l'image déformée. Pour s'affranchir de ce problème de variation d'éclairage, d'autres formes du coefficient de corrélation ont été considérées.

L'équation (Eq. I.5) peut s'écrire sous forme :

$$\int_{ZC} \left(g(\vec{x}) - f\left(\vec{x} - \vec{u}\right)\right)^2 d\vec{x} = \int_{ZC} g(\vec{x})^2 d\vec{x} + \int_{ZC} f\left(\vec{x} - \vec{u}\right)^2 d\vec{x} - 2\int_{ZC} g(\vec{x}) * f\left(\vec{x} - \vec{u}\right) d\vec{x} \,. \tag{I.6}$$

Le problème de minimisation de l'équation (Eq. I.5) revient ainsi à la maximisation du produit de convolution $(g * f)$, à savoir la fonction d'inter-corrélation (Cross Correlation), des fonctions f et g par rapport à $\vec{u}$:

$$C_{CC}\left(\vec{u}\right) = \int_{ZC} g(\vec{x}) * f\left(\vec{x} - \vec{u}\right) d\vec{x} \,. \tag{I.7}$$

Le coefficient de corrélation $C_{CC}\left(\vec{u}\right)$ permet de s'affranchir du problème des variations locales d'éclairage dû aux termes carrés. De plus, en calculant un seul produit au lieu d'une différence suivie d'un produit, le calcul de (Eq. I.7) nécessite deux fois moins d'opérations que (Eq. I.5) [95, 25, 43]. D'autre part, un facteur de normalisation de la fonction d'inter-corrélation (Normalized Cross Correlation) est souvent introduit dans le produit (Eq. I.7), ce qui conduit à minimiser :

$$C_{NCC}\left(\vec{u}\right) = 1 - \frac{\int_{ZC} g(\vec{x}) * f\left(\vec{x} - \vec{u}\right) d\vec{x}}{\sqrt{\int_{ZC} g(\vec{x})^2 d\vec{x}} \sqrt{\int_{ZC} f\left(\vec{x} - \vec{u}\right)^2 d\vec{x}}} \,. \tag{I.8}$$

« Correli-LMT » utilise la maximisation de la fonction (Eq. I.7) pour déterminer le champ de déplacements réel $\vec{u}$, tandis que « Kelkins » utilise l'équation (Eq. I.8). Le calcul d'intégrale dans les équations (Eq. I.7) et (Eq. I.8) est réalisé par application de la transformée de Fourier rapide (FFT, Fast Fourier Transforms) des fonctions f et g, celle-ci permet de transformer un produit de convolution dans l'espace réel en un simple produit dans l'espace de Fourier avec un temps de calcul réduit.

Dans « Correli-Q4 », f et g sont supposées suffisamment régulières aux petites échelles et l'amplitude du déplacement relativement petite. Minimiser $C\left(\vec{u}\right)$ en (Eq. I.5) équivaut alors à minimiser le développement de Taylor au premier ordre comme suit [25, 77] :

$$C_{Taylor}\left(\vec{u}\right) = \int_{ZC} \left(g(\vec{x}) - f(\vec{x}) + \vec{u}.\vec{\nabla}f(\vec{x})\right)^2 d\vec{x} \,, \tag{I.9}$$

où $\vec{\nabla}f$ est le gradient de f évalué en $\vec{x}$. En écrivant $\vec{u}$ sous forme d'une combinaison linéaire $\vec{u} = \sum_i \hat{u}_i \psi_i(\vec{x})$ dans une base de l'espace E_k, la minimisation de (Eq. I.9) revient à résoudre :

$$\left(\int_{ZC} \left[\left(\vec{\nabla}f \otimes \vec{\nabla}f \right)(\vec{x}) : \left(\psi_i \otimes \psi_i \right)(\vec{x}) \right] d\vec{x} \right) \hat{u}_k = \int_{ZC} \left[(f(\vec{x}) - g(\vec{x})) \vec{\nabla}f(\vec{x}) \psi_i(\vec{x}) \right] d\vec{x} , \qquad (I.10)$$

où $\otimes$ représente le produit tensoriel, $\psi_i(\vec{x})$ sont les vecteurs de base E_k, et $\hat{u}_i$ sont les composantes inconnues de $\vec{u}$. Le problème consiste alors à résoudre un système linéaire écrit sous forme matricielle :

$$[M]\{w\} = \{m\} , \qquad (I.11)$$

où $[M]$ et $\{m\}$ sont connus et dépendent de f, g et ψ. Le vecteur $\{w\}$ contient les composantes inconnues $\hat{u}_i$.

« Vic-2D » est un logiciel commercialisé à l'échelle mondiale. Son avantage est la possibilité de choisir des zones d'étude de formes complexes, ce qui permet de mesurer des hétérogénéités de déformation sur des éprouvettes de formes complexes. Pour déterminer le champ de déplacements, le choix entre les trois types de coefficients de corrélation $C(\hat{u})$ est possible [77, 74] :
– Sum of Squared Differences (SSD) : (Eq. I.5).
– Zero mean Sum of Squared Differences (ZSSD) :

$$C_{ZSSD}\left(\vec{u} \right) = \int_{ZC} \left(\left(f\left(\vec{x} - \vec{u} \right) - \bar{f} \right) - \left(g(\vec{x}) - \bar{g} \right) \right)^2 d\vec{x} , \qquad (I.12)$$

où $\bar{f}$ et $\bar{g}$ sont les moyennes des intensités lumineuses sur la ZC considérée. Ce coefficient prend en compte un décalage constant des niveaux de gris, i.e. une translation de l'histogramme en niveaux de gris, entre l'image de référence et l'image transformée.
– Zero mean Normalized Cross Correlation (ZNCC) :

$$C_{ZNCC}\left(\vec{u} \right) = 1 - \frac{\int_{ZC} \left(f\left(\vec{x} - \vec{u} \right) - \bar{f} \right) \cdot (g(\vec{x}) - \bar{g}) d\vec{x}}{\sqrt{\int_{ZC} \left(f\left(\vec{x} - \vec{u} \right) - \bar{f} \right)^2 d\vec{x}} \sqrt{\int_{ZC} (g(\vec{x}) - \bar{g})^2 d\vec{x}}} , \qquad (I.13)$$

Ce coefficient prend en compte une variation de contraste et d'éclairage, i.e. une translation et une dilatation de l'histogramme en niveaux de gris.

Interpolation des niveaux de gris
Les coefficients de corrélation $C\left(\vec{u} \right)$ ci-dessus s'écrivent sous forme continue pour simplifier la présentation. Toutefois, dans la réalité, ils utilisent des sommes discrètes sur tous les pixels compris dans la ZC. Ainsi, les composantes de déplacement obtenues sont également discrètes. Face à cette situation, afin d'obtenir des résolutions supérieures, une interpolation des niveaux de gris au voisinage de chaque point considéré est généralement envisagé. Parmi les méthodes d'interpolation, les plus citées sont : l'approximation par plus proche voisin, l'interpolation polynômiale au voisinage du maximum discret [32], l'interpolation B-spline [24], l'interpolation de Fourier [73].

Algorithmes d'optimisation

La détermination des différents paramètres (a_i, b_i) de la fonction de forme $\left(u(x,y), v(x,y)\right)$ (Eqs. I.2, I.3, I.4) passe par la minimisation du coefficient de corrélation $C\left(\overrightarrow{u}\right)$. Cette minimisation nécessite l'utilisation d'un algorithme d'optimisation. Les deux coefficients de corrélation C_{SSD} et C_{ZSSD} exprimés sous forme quadratique peuvent être minimisés via une méthode de type Levenberg-Marquard [88]. Tandis que pour C_{NCC} et C_{ZNCC}, ils ont utilisé des techniques d'optimisation de fonction objectif telle que la méthode de descente du gradient ou la méthode du gradient conjugué [24, 31, 72].

b Identification du champ de déformations

Sur la configuration d'origine Ω, le point P se caractérise par le vecteur position $\overrightarrow{x}$. Après une transformation $\overrightarrow{u}$, le point P se trouve en $\widetilde{\overrightarrow{x}}$ de la configuration déformée $\widetilde{\Omega}$. Afin de caractériser la déformation de tout point du domaine, une fonction intermédiaire $F(\overrightarrow{x})$, dite tenseur gradient, est introduite. Le tenseur $F(\overrightarrow{x})$ permet de passer de la configuration d'origine Ω à la configuration déformée $\widetilde{\Omega}$:

$$F(\overrightarrow{x}) = \frac{\partial \widetilde{\overrightarrow{x}}}{\partial \overrightarrow{x}} .$$ (I.14)

En utilisant le tenseur gradient $F(\overrightarrow{x})$, différentes mesures de déformation sont alors possibles [5, 80], les plus couramment utilisées sont :

– **Tenseur de déformation de Green-Lagrange :**
  Il est défini par rapport à Ω :

$$\varepsilon^{GL} = \frac{1}{2}\left(^\mathsf{T}FF - i\right) .$$ (I.15)

  Avec l'hypothèse des petites perturbations, à savoir que les champs de déplacements et de déformations restent faibles devant la dimension de la structure, il est possible de confondre la configuration d'origine Ω et la configuration déformée $\widetilde{\Omega}$. Le tenseur de Green-Lagrange, linéarisé au premier ordre et noté ε, est suffisant pour caractériser les déformations :

$$\varepsilon = \frac{1}{2}\left(\frac{\partial \overrightarrow{u}}{\partial \overrightarrow{x}} + ^\mathsf{T}\left(\frac{\partial \overrightarrow{u}}{\partial \overrightarrow{x}}\right)\right) .$$ (I.16)

– **Tenseur de déformation d'Euler-Almansi :**
  Il est défini par rapport à $\widetilde{\Omega}$:

$$\varepsilon^{EA} = \frac{1}{2}\left(^\mathsf{T}F^{-1}F^{-1}\right) = {}^\mathsf{T}F^{-1}\varepsilon^{GL}F^{-1} .$$ (I.17)

– **Tenseur de déformation de Hencky :**
  Si F est écrit sous forme :

$$F = RU = VR ,$$ (I.18)

  où R est le tenseur de rotation $\left(R^\mathsf{T}R = i\right)$, U et V sont respectivement les tenseurs de déformations pure droit et pure gauche. Le tenseur de déformations de Hencky est alors défini par :

$$\varepsilon^H = \log V .$$ (I.19)

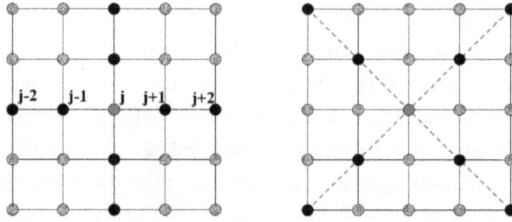

FIGURE I.21 – *Voisinages à 5 points*

A partir du champ de déplacements $\vec{u}$, le champ de déformations (Green-Lagrange, Euler-Almansi ou Hencky) peut être directement calculé par dérivation dans le temps et dans l'espace. Ici encore, plusieurs approches sont possibles pour dériver le champ de déplacement. Les plus courantes sont :

- **Différences finies :**

    Cette méthode consiste à estimer des déformations par dérivation discrète en réalisant des différences finies du champ de déplacements. « Correli-LMT » utilise cette technique dans les calculs de déformations. Elle détermine la valeur de la déformation en fonction des valeurs de déplacements obtenues sur des points voisins et du pas entre eux, FIGURE I.21. Par exemple, la formule des dérivées premières centrées de la méthode de différences finis peut s'écrire [99] :

$$
\varepsilon\left(\vec{x}_j\right) \approx
\begin{cases}
\dfrac{\vec{u}_{j+1} - \vec{u}_{j-1}}{2h} & \text{pour 3 points} \\[2ex]
\dfrac{-\vec{u}_{j+2} + 8\vec{u}_{j+1} - 8\vec{u}_{j-1} + \vec{u}_{j-2}}{12h} & \text{pour 5 points}
\end{cases}
, \qquad (I.20)
$$

où $\vec{u}$ sont les déplacements des points voisins de $\vec{x}_j$, h est la distance entre les deux points. Même si cette technique est très utilisée et rapide, elle ne permet pas de réduire le bruit du champ de déplacements mesurés. La mesure du déplacement est souvent légèrement bruitée, des opérateurs de dérivation conduisent ainsi à des cartes de déformation encore plus bruitées.

- **Éléments finis :**

    C'est une technique utilisée dans « Correli-Q4 ». Tout d'abord, l'image de référence est discrétisée en zones d'études élémentaires carrées et jointives, dites éléments à quatre nœuds Q4P1. Un maillage sur la surface de l'objet est ainsi défini, dont chaque nœud se caractérise par une matrice élémentaire M_{ij}^e et un vecteur élémentaire m_i^e assemblés dans l'équation (Eq. I.11). Cette méthode est similaire à la méthode des éléments finis. Par inversion du système (Eq. I.11), un champ de déplacements continu et dérivable est alors déterminé, ce qui permet ensuite de calculer le champ de déformations en utilisant une dérivation discrète [25, 77].

- **Lissage local du champ de déplacements :**

    Cette technique consiste à approximer au sens des moindres carrées le champ de déplacements au voisinage d'un point $Q(\vec{x}, \vec{y})$, appelé zone d'approximation (ZA), par une fonction d'approximation [96, 67]. La ZA contient $(2p_x + 1) \times (2p_y + 1)$ points discrets autour du point $Q(\vec{x}, \vec{y})$, où p_x (resp. p_y) est le nombre de points de chaque côté de Q dans la direction horizontale $\vec{x}$ (resp. direction verticale $\vec{y}$), FIGURE I.22. L'opération de dérivation est ensuite appliquée sur la fonction d'approximation au point Q situé au centre de ZA. « Kelkins » utilise cette technique.

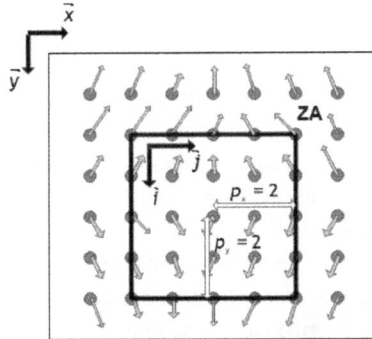

FIGURE I.22 – *Fenêtre locale contenant* $(2p_x + 1) \times (2p_y + 1)$ *déplacements discrets utilisée pour le calcul des déformations*

La distribution des déplacements $\vec{u} = (u, v)$ à l'intérieur de la ZA peut être obtenue par une fonction d'approximation de forme polynomiale des variables x et y :

$$u(i,j) = \sum_{m=0}^{d_x} \sum_{n=0}^{d_y} \omega_{mn} x^m y^n \quad \text{et} \quad v(i,j) = \sum_{m=0}^{d_x} \sum_{n=0}^{d_y} \varpi_{mn} x^m y^n, \quad (\text{I.21})$$

où
- $i = [-p_y : p_y]$, $j = [-p_x : p_x]$ sont des coordonnées locales attachées à la ZA,
- les indices m et n varient respectivement de 0 à d_x et de 0 à d_y, d_x et d_y étant respectivement le degré horizontal et le degré vertical des fonctions d'approximation,
- ω_{mn} et ϖ_{mn} sont des coefficients inconnus à déterminer en ajustement sur les déplacements mesurés (par méthode des moindres carrés).

Par conséquent, pour construire le champ de déplacements approximé, deux types de paramètres sont à définir par l'utilisateur : (d_x, d_y) et (p_x, p_y), dont va dépendre la précision des déformations calculées. Le choix d'une fonction d'approximation adapté au phénomène physique observé permet de filtrer les bruits sur la mesure des déplacements. Ainsi, avec un lissage préalable des déplacements, le calcul du champ de déformations par cette technique est amélioré. Il est cependant à noter qu'au voisinage des bords de la zone d'étude, la zone d'approximation du champ de déplacements contient moins de $(2p_x + 1) \times (2p_y + 1)$ points, ce qui se traduit par un effet de bord où le calcul est moins précis [95]. L'ensemble des mesures CIN-2D présentées dans ce mémoire concerne des résultats obtenus avec « Kelkins ».

3   Méthodes d'homogénéisation

3.1   Principes

Dans la suite de ce chapitre, le principe des méthodes d'homogénéisation pour les milieux aléatoires élastiques linéaires est présenté. Pour le dimensionnement des matériaux hétérogènes, la méthode d'homogénéisation permet de borner ou d'estimer les caractéristiques globales du matériau. Cette méthode détermine le « comportement effectif macroscopique » d'un « matériau homogène équivalent » du matériau hétérogène réel en partant d'une description statistique de la microstructure et de la connaissance du comportement mécanique des constituants (phases) en présence [102, 12]. Le matériau homogène équivalent déterminé, qui soumis aux mêmes sollicitations mécaniques que le milieu hétérogène réel, aurait une réponse mécanique globale identique. Pour mener à bien une telle démarche, la méthodologie développée par Zaoui [102] propose de procéder à trois séries d'opérations dans l'ordre :

– Représentation : il s'agit dans cette étape d'identifier les différentes phases constitutives du matériau hétérogène, puis décrire les caractéristiques géométriques de chacune de ces phases ainsi que leurs caractéristiques mécaniques,

– Localisation : il s'agit dans cette étape de déterminer le lien entre les comportements local et macroscopique,

– Homogénéisation : il s'agit dans cette étape de déterminer le comportement équivalent du matériau hétérogène.

a   Étape de représentation

Notons $\boldsymbol{\varepsilon}(\vec{x})$ et $\boldsymbol{\sigma}(\vec{x})$ les champs de déformations et de contraintes en chaque point du matériau hétérogène de volume V, ces champs ne sont pas identiques en tout point à cause des hétérogénéités. La loi de comportement élastique linéaire local permet d'écrire [12] :

$$\begin{cases} \boldsymbol{\sigma}(\vec{x}) = \mathbb{C}(\vec{x}) : \boldsymbol{\varepsilon}(\vec{x}) \\ \boldsymbol{\varepsilon}(\vec{x}) = \mathbb{S}(\vec{x}) : \boldsymbol{\sigma}(\vec{x}) \end{cases}, \tag{I.22}$$

dont $\mathbb{C}$ et $\mathbb{S}$ sont les tenseurs des modules d'élasticité et de souplesse :

$$\mathbb{C}(\vec{x}) : \mathbb{S}(\vec{x}) = \mathbb{I}, \tag{I.23}$$

où $\mathbb{I} = \boldsymbol{i} \overline{\underline{\otimes}} \boldsymbol{i}$ est l'identité des tenseurs d'ordre quatre symétriques, $\boldsymbol{i}$ est l'identité des tenseurs d'ordre deux, $\overline{\underline{\otimes}}$ est le produit tensoriel symétrisé.

b   Étape de localisation

Afin d'obtenir le lien entre les comportements local et macroscopique, des conditions aux limites homogènes sur le contour du matériau sont imposées. Un déplacement $\vec{u}$ qui générerait un champ de déformation macroscopique uniforme $\mathbf{E}$, ou une contrainte $\boldsymbol{\sigma}$ qui générerait un champ de contrainte macroscopique uniforme $\boldsymbol{\Sigma}$, sont imposés au bord extérieur ∂V du matériau [12] :

$$\begin{cases} \vec{u} = \mathbf{E} \cdot \vec{x} \quad \text{ou} \quad \boldsymbol{\sigma}(\vec{x}) \cdot \vec{N}(\vec{x}) = \boldsymbol{\Sigma} \cdot \vec{N}(\vec{x}) \\ \operatorname{div} \boldsymbol{\sigma}(\vec{x}) = 0 \end{cases}. \tag{I.24}$$

où $\vec{N}$ est la normale unitaire à ∂V dirigée vers l'extérieur de V. Les grandeurs macroscopiques sont les moyennes des grandeurs locales :

$$\mathbf{E} = \langle \boldsymbol{\varepsilon}(\vec{x}) \rangle = \frac{1}{|V|} \int \boldsymbol{\varepsilon}(\vec{x}) dV \quad \text{et} \quad \boldsymbol{\Sigma} = \langle \boldsymbol{\sigma}(\vec{x}) \rangle = \frac{1}{|V|} \int \boldsymbol{\sigma}(\vec{x}) dV, \tag{I.25}$$

où $\langle . \rangle$ désigne l'opérateur de moyenne sur V. Dans le cas du matériau élastique linéaire, les relations entre ces grandeurs à différentes échelles peuvent être identifiées, d'autre part, par les lois de localisation [12] :

$$\boldsymbol{\varepsilon}(\vec{x}) = \mathbb{A} : \mathbf{E} \quad \text{et} \quad \boldsymbol{\sigma}(\vec{x}) = \mathbb{B} : \boldsymbol{\Sigma}, \tag{I.26}$$

où $\mathbb{A}(\vec{x})$ et $\mathbb{B}(\vec{x})$ sont respectivement les tenseurs de localisation des déformations et de concentration des contraintes. Ces tenseurs de localisation satisfont l'égalité suivante :

$$\langle \mathbb{A}(\vec{x}) \rangle = \langle \mathbb{B}(\vec{x}) \rangle = \mathbb{I}. \tag{I.27}$$

c Étape d'homogénéisation

En supposant que les tenseurs de localisation $\mathbb{A}$ et $\mathbb{B}$ sont connus, le comportement équivalent du matériau hétérogène reliant la contrainte macroscopique $\boldsymbol{\Sigma}$ à la déformation macroscopique $\mathbf{E}$ peut être déterminé. Cette étape est réalisée en s'appuyant sur le lemme de Hill qui assure l'égalité du travail macroscopique $\boldsymbol{\Sigma} : \mathbf{E}$ et de la moyenne spatiale du travail microscopique $\langle \boldsymbol{\sigma} : \boldsymbol{\varepsilon} \rangle$ [12] :

$$\langle \boldsymbol{\sigma} : \boldsymbol{\varepsilon} \rangle = \langle \boldsymbol{\sigma} \rangle : \langle \boldsymbol{\varepsilon} \rangle = \begin{cases} \boldsymbol{\Sigma} : \langle \boldsymbol{\varepsilon} \rangle & \text{si } \boldsymbol{\sigma}(\vec{x}) \text{ vérifie des contraintes homogènes au contour } \partial V \\ \langle \boldsymbol{\sigma} \rangle : \mathbf{E} & \text{si } \boldsymbol{\varepsilon}(\vec{x}) \text{ vérifie des déformations homogènes au contour } \partial V \end{cases}. \tag{I.28}$$

Dans le cas de sollicitation en déformation, la loi du comportement homogénéisé a pour expression :

$$\boldsymbol{\Sigma} = \langle \boldsymbol{\sigma} \rangle = \langle \mathbb{C} : \boldsymbol{\varepsilon} \rangle = \langle \mathbb{C} : \mathbb{A} : \mathbf{E} \rangle = \langle \mathbb{C} : \mathbb{A} \rangle : \mathbf{E} = \mathbb{C}^{\text{hom}} : \mathbf{E} \quad \text{avec} \quad \mathbb{C}^{\text{hom}} = \langle \mathbb{C} : \mathbb{A} \rangle. \tag{I.29}$$

De même, dans le cas de sollicitation en contrainte :

$$\mathbf{E} = \langle \boldsymbol{\varepsilon} \rangle = \langle \mathbb{S} : \boldsymbol{\sigma} \rangle = \langle \mathbb{S} : \mathbb{B} : \boldsymbol{\Sigma} \rangle = \langle \mathbb{S} : \mathbb{B} \rangle : \boldsymbol{\Sigma} = \mathbb{S}^{\text{hom}} : \boldsymbol{\Sigma} \quad \text{avec} \quad \mathbb{S}^{\text{hom}} = \langle \mathbb{S} : \mathbb{B} \rangle. \tag{I.30}$$

Les tenseurs $\mathbb{C}^{\text{hom}}$ et $\mathbb{S}^{\text{hom}}$ ne sont pas rigoureusement inverses l'un de l'autre : l'approche en déformation imposée et celle en contrainte imposée conduisent aux comportements homogénéisés différents [100, 102].

Dans le cas du matériau hétérogène comportant N phases différentes de domaines V_r avec $r = (1, \cdots, N)$, les relations entre les grandeurs macroscopiques $(\boldsymbol{\Sigma}, \mathbf{E})$ et les grandeurs moyennes par phase $(\langle \boldsymbol{\sigma} \rangle_r, \langle \boldsymbol{\varepsilon} \rangle_r)$ en contrainte et en déformation :

$$\text{Contrainte :} \quad \boldsymbol{\Sigma} = \langle \boldsymbol{\sigma} \rangle = \sum_{r=1}^{N} f_r \langle \boldsymbol{\sigma} \rangle_r \quad \text{avec} \quad f_r = \left| \frac{V_r}{V} \right| \quad \text{et} \quad \langle \boldsymbol{\sigma} \rangle_r = \frac{1}{|V_r|} \int_{V_r} \boldsymbol{\sigma} dV_r. \tag{I.31}$$

$$\text{Déformation :} \quad \mathbf{E} = \langle \boldsymbol{\varepsilon} \rangle = \sum_{r=1}^{N} f_r \langle \boldsymbol{\varepsilon} \rangle_r \quad \text{avec} \quad \langle \boldsymbol{\varepsilon} \rangle_r = \frac{1}{|V_r|} \int_{V_r} \boldsymbol{\varepsilon} dV_r. \tag{I.32}$$

permettent d'exprimer le tenseur d'élasticité homogénéisé $\mathbb{C}^{\text{hom}}$ (resp. $\mathbb{S}^{\text{hom}}$) en fonction des tenseurs d'élasticité $\mathbb{C}_r$ (resp. $\mathbb{S}_r$) et des tenseurs de localisation $\mathbb{A}_r$ (resp. $\mathbb{B}_r$) par phase :

$$\mathbb{C}^{\text{hom}} = \sum_{r=1}^{N} f_r \mathbb{C}_r : \mathbb{A}_r \quad \text{et} \quad \mathbb{S}^{\text{hom}} = \sum_{r=1}^{N} f_r \mathbb{S}_r : \mathbb{B}_r . \tag{I.33}$$

Par conséquent, au lieu de résoudre exactement le problème de localisation, i.e d'identifier les tenseurs de localisation $\mathbb{A}$ et $\mathbb{B}$ (Eq. I.26), les tenseurs homogénéisés $\mathbb{C}^{\text{hom}}$ et $\mathbb{S}^{\text{hom}}$ sont estimés à partir de tenseurs de localisation par phase $\mathbb{A}_r$ et $\mathbb{B}_r$. Les tenseurs $\mathbb{A}_r$ et $\mathbb{B}_r$, quant à eux, peuvent être déterminés à partir de solutions du problème d'inclusions d'Eshelby [12, 27].

3.2 Problèmes d'inclusions d'Eshelby et estimation d'Hashin-Shtrikman

a Problème d'inclusions d'Eshelby

Le problème d'Eshelby considère un milieu infini de volume V isotrope élastique linéaire, caractérisé par un tenseur des modules d'élasticité $\mathbb{C}$. Dans ce milieu infini est noyée une seule inclusion ellipsoïdale de module d'élasticité $\mathbb{C}^i$. Si l'inclusion ne subit aucune déformation de transformation, et que le milieu est soumis à une déformation $\mathbf{E}^0$ à l'infini, la déformation homogène de l'inclusion a pour expression [12] :

$$\boldsymbol{\varepsilon}^i = \left(\mathbb{I} + \mathbb{P} : \left(\mathbb{C}^i - \mathbb{C}\right)\right)^{-1} : \mathbf{E}^0 , \tag{I.34}$$

avec $\mathbb{P}$ est un tenseur d'ordre quatre, appelé « tenseur de Hill » [47]. Le tenseur $\mathbb{P}$ est construit à partir du tenseur des modules d'élasticité du milieu infini $\mathbb{C}$ [9, 93] :

$$\mathbb{P} = \mathbb{S}^{\text{Esh}} : (\mathbb{C})^{-1} , \tag{I.35}$$

avec $\mathbb{S}^{\text{Esh}}$ est un tenseur d'ordre quatre, appelé « tenseur d'Eshelby ». Ce tenseur dépend du tenseur des modules d'élasticité $\mathbb{C}$, de la forme et de l'orientation des inclusions.

Ainsi, la résolution du problème d'inclusion d'Eshelby donne une démarche pour estimer les tenseurs de localisation par phase $\mathbb{A}_r$ en calculant la moyenne des déformations dans chaque phase r. La forme et la répartition spatiale des phases sont ici prises en compte.

b Estimation d'Hashin-Shtrikman

Le cas d'un matériau biphasé de volume V, constitué de deux phases $r \in [1,2]$ de rigidité $\mathbb{C}_r$, est maintenant examiné. Un « matériau de référence » homogène de même domaine V qui est caractérisé par un tenseur des modules d'élasticité $\mathbb{C}^0$ est introduit. Le matériau de référence $\mathbb{C}^0$ est soumis aux mêmes conditions aux limites que le matériau biphasé, mais subit en plus des déformations de transformation hétérogènes caractérisées par un champ de polarisation $\boldsymbol{\tau}$ [12] :

$$\forall \overrightarrow{x} \in V \qquad \boldsymbol{\tau}(\overrightarrow{x}) = \boldsymbol{\sigma}(\overrightarrow{x}) - \mathbb{C}^0 : \boldsymbol{\varepsilon}(\overrightarrow{x}) = \left(\mathbb{C}(\overrightarrow{x}) - \mathbb{C}^0\right) : \boldsymbol{\varepsilon}(\overrightarrow{x}) . \tag{I.36}$$

Le tenseur $\boldsymbol{\tau}$ est d'ordre deux, il est interprété comme la contrainte qui apparait dans le matériau de référence si la déformation est totalement bloquée. Dans le cas où la polarisation est uniforme

dans les phases et la distribution des phases est isotrope, le tenseur de localisation par phase $\mathbb{A}_r$
est estimé par Hashin-Shtrikman [12] :

$$\forall r \in [1,2] \quad \mathbb{A}_r \approx \mathbb{A}_r^{\mathsf{HS}} = \left(\mathbb{C}^* + \mathbb{C}_r\right)^{-1} : \left[\sum_{r=1}^{2} f_r \left(\mathbb{C}^* + \mathbb{C}_r\right)^{-1}\right]^{-1} \quad \text{avec} \quad \mathbb{C}^* = \left(\mathbb{P}^0\right)^{-1} - \mathbb{C}^0 , \quad \text{(I.37)}$$

où $\mathbb{P}^0$ est ici un tenseur d'ordre quatre dépendant de $\mathbb{C}^0$ et de la répartition spatiale des phases. A
partir d'équations I.33 et I.37, l'estimation de Hashin-Shtrikman du tenseur des modules effectifs
$\mathbb{C}^{\mathsf{hom}}$, noté $\mathbb{C}^{\mathsf{HS}}$, est exprimée par [12] :

$$\begin{aligned}
\mathbb{C}^{\mathsf{hom}} \approx \mathbb{C}^{\mathsf{HS}} &= \left[\sum_{r=1}^{2} f_r \mathbb{C}_r : \left(\mathbb{C}^* + \mathbb{C}_r\right)^{-1}\right] : \left[\sum_{r=1}^{2} f_r \left(\mathbb{C}^* + \mathbb{C}_r\right)^{-1}\right]^{-1} \\
&= \mathbb{C}_1 + f_2 (\mathbb{C}_2 - \mathbb{C}_1) : \left[\mathbb{I} + f_1 \left(\mathbb{C}^* + \mathbb{C}_1\right)^{-1} : (\mathbb{C}_2 - \mathbb{C}_1)\right]^{-1} \\
&= \left[\sum_{r=1}^{2} f_r \left(\mathbb{C}^* + \mathbb{C}_r\right)^{-1}\right]^{-1} - \mathbb{C}^* .
\end{aligned} \quad \text{(I.38)}$$

Le tenseur $\mathbb{C}^{\mathsf{HS}}$ dépend du milieu de référence $\mathbb{C}^0$ et de la nature de la microstructure du matériau
biphasé considéré $\mathbb{C}^{\mathsf{HS}} = f(C_1, C_2, C^0, f_2)$. De manière similaire, le tenseur des souplesses effectives
d'Hashin-Shtrikman $\mathbb{S}^{\mathsf{HS}} = \left(\mathbb{C}^{HS}\right)^{-1}$ a pour expression :

$$\mathbb{S}^{\mathsf{hom}} \approx \mathbb{S}^{\mathsf{HS}} = \left[\sum_{r=1}^{2} f_r \left(\mathbb{S}^* + \mathbb{S}_r\right)^{-1}\right]^{-1} - \mathbb{S}^* . \quad \text{(I.39)}$$

3.3   Bornes et estimations pour les matériaux biphasés

En se basant sur l'estimation d'Hashin-Shtrikman $\mathbb{C}^{\mathsf{HS}}$, le choix du milieu de référence $\mathbb{C}^0$ permet de définir différentes bornes ou estimations des propriétés homogénéisées :

$$\begin{aligned}
&\text{- Borne de Reuss : } \mathbb{C}^0 \to 0 , \\
&\text{- Borne de Voigt : } \mathbb{C}^0 \to \infty , \\
&\text{- Borne inférieure d'Hashin-Shtrikman : } \mathbb{C}^0 = \min(\mathbb{C}_1, \mathbb{C}_2) , \\
&\text{- Borne supérieure d'Hashin-Shtrikman : } \mathbb{C}^0 = \max(\mathbb{C}_1, \mathbb{C}_2) , \\
&\quad \left(\mathbb{C}^{\mathsf{R}} \leqslant \mathbb{C}^{\mathsf{HS-}} \leqslant \mathbb{C}^{\mathsf{hom}} \leqslant \mathbb{C}^{\mathsf{HS+}} \leqslant \mathbb{C}^{\mathsf{V}}\right), \\
&\text{- Estimation de Mori-Tanaka : } \mathbb{C}^0 = \mathbb{C}_1 , \\
&\text{- Estimation aux faibles concentrations : } \mathbb{C}^0 = \mathbb{C}_1 \text{ et } f_2 \to 0 , \\
&\text{- Estimation autocohérente : } \mathbb{C}^0 = \mathbb{C}^{\mathsf{HS}} .
\end{aligned} \quad \text{(I.40)}$$

Bornes de Voigt et Reuss :   la borne de Voigt est identique à l'estimation d'Hashin-Shtrikman
lorsque le milieu de référence est beaucoup plus rigide que les constituants ($\mathbb{C}^0 \gg \mathbb{C}_r$ ou $\mathbb{S}^0 \ll \mathbb{S}_r$).
A partir de (Eq. I.39), $\mathbb{S}^{\mathsf{HS}}$ est réduit à $\mathbb{S}^{\mathsf{HS}} = \langle \mathbb{C} \rangle_r^{-1}$, d'où :

$$\mathbb{C}^{\mathsf{V}} = \mathbb{C}^{\mathsf{HS}} = \sum_{r=1}^{2} f_r \langle \mathbb{C} \rangle_r . \quad \text{(I.41)}$$

La borne de Reuss est l'approche duale de celle de Voigt lorsque le milieu de référence est
beaucoup plus souple que les constituants. Ainsi , $\mathbb{C}^{\mathsf{HS}}$ en (Eq. I.38) peut s'écrire sous forme $\mathbb{C}^{\mathsf{HS}} =$

$\langle \mathbb{S} \rangle_r^{-1}$, d'où :

$$\mathbb{S}^{R} = \mathbb{S}^{HS} = \sum_{r=1}^{2} f_r \langle \mathbb{S} \rangle_r . \tag{I.42}$$

Ces deux bornes donnent des estimations par excès du comportement équivalent. De plus, du fait que $\mathbb{C}^{HS}$ est une fonction croissante du milieu de référence $\mathbb{C}^0$, les estimations d'Hashin-Shtrikman respectent l'encadrement de Voigt et de Reuss. Ces deux bornes sont valides quelle que soit la microstructure du matériau.

Bornes inférieure et supérieure d'Hashin-Shtrikman : ces modèles considèrent une répartition aléatoire des constituants. La borne inférieure $\mathbb{C}^{HS-}$ (resp. borne supérieure $\mathbb{C}^{HS+}$) est calculée en choisissant le plus grand minorant (resp. le plus petit majorant) des tenseurs des modules des constituants ($\mathbb{C}_1$ et $\mathbb{C}_2$) comme milieu de référence :

$$\mathbb{C}^{HS}\left(\mathbb{C}^0 = \inf \mathbb{C}_r\right) = \mathbb{C}^{HS-} \leqslant \mathbb{C}^{hom} \leqslant \mathbb{C}^{HS+} = \mathbb{C}^{HS}\left(\mathbb{C}^0 = \sup \mathbb{C}_r\right) \quad \text{avec} \quad r \in [1,2] . \tag{I.43}$$

Estimation de Mori-Tanaka : soit un matériau biphasé dont la phase dominante et connectée joue le rôle de matrice, et les autres jouent le rôle des inclusions. Dans cette approche, Mori-Tanaka suppose que les inclusions isotropes avec une fraction volumique très faible mais non infinitésimal sont réparties de façon homogène dans la matrice également isotrope. La déformation est homogène dans les inclusions.

L'estimation de Mori-Tanaka s'identifie à celle d'Hashin-Shtrikman si la matrice est choisie comme milieu de référence. A partir d'équations (Eq. I.37) et (Eq. I.38), en utilisant l'indice 1 pour désigner la matrice et l'indice 2 pour les inclusions, les tenseurs de localisation par phase ($\mathbb{A}_1^{MT}, \mathbb{A}_2^{MT}$) et le tenseur des modules effectifs $\mathbb{C}^{MT}$ estimés par Mori-Tanaka sont définis par les relations [101, 12] :

$$\mathbb{A}_1^{MT} = \mathbb{A}_1^{HS} = \left(\mathbb{C}_1^* + \mathbb{C}_1\right)^{-1} : \left[\sum_{r=1}^{2} f_r \left(\mathbb{C}_1^* + \mathbb{C}_r\right)^{-1}\right]^{-1} = \left[f_1 \mathbb{I} + f_2 (\mathbb{I} + \mathbb{P}_1 : (\mathbb{C}_2 - \mathbb{C}_1))^{-1}\right]^{-1} , \tag{I.44}$$

$$\mathbb{A}_2^{MT} = \mathbb{A}_2^{HS} = \left(\mathbb{C}_1^* + \mathbb{C}_2\right)^{-1} : \left[\sum_{r=1}^{2} f_r \left(\mathbb{C}_1^* + \mathbb{C}_r\right)^{-1}\right]^{-1} = \left[\mathbb{I} + f_1 \mathbb{P}_1 : (\mathbb{C}_2 - \mathbb{C}_1)\right]^{-1} , \tag{I.45}$$

$$\begin{aligned} \mathbb{C}^{MT} = \mathbb{C}^{HS} &= \mathbb{C}_1 + f_2 (\mathbb{C}_2 - \mathbb{C}_1) : \left[\mathbb{I} + f_1 \left(\mathbb{C}_1^* + \mathbb{C}_1\right)^{-1} : (\mathbb{C}_2 - \mathbb{C}_1)\right]^{-1} \\ &= \mathbb{C}_1 + f_2 \left[f_1 \mathbb{P}_1 + (\mathbb{C}_2 - \mathbb{C}_1)^{-1}\right]^{-1} , \end{aligned} \tag{I.46}$$

$$\text{avec} \quad \mathbb{C}_1^* = (\mathbb{P}_1)^{-1} - \mathbb{C}_1 , \tag{I.47}$$

et le tenseur des modules effectifs $\mathbb{C}^{MT}$ estimés par Mori-Tanaka :

– Si la matrice est la phase la plus raide $\mathbb{C}_1 > \mathbb{C}_2$, alors $\mathbb{C}^{MT} = \mathbb{C}^{HS+}$,
– Si la matrice est la phase la plus souple $\mathbb{C}_1 < \mathbb{C}_2$, alors $\mathbb{C}^{MT} = \mathbb{C}^{HS-}$.

Estimation aux faibles concentrations : cette approche est similaire à celle de Mori-Tanaka, mais les inclusions ont une fraction volumique infinitésimale ($f_2 \to 0$), les interactions entre les inclusions sont négligées. De manière analogue, les tenseurs de localisation par phase ($\mathbb{A}_1^{FC}, \mathbb{A}_2^{FC}$)

et le tenseur des modules effectifs $\mathbb{C}^{FC}$ de l'estimation aux faibles concentrations sont définis par les équations [101, 12] :

$$\mathbb{A}_1^{FC} = \left[\mathbb{I} + f_2(\mathbb{I} + \mathbb{P}_1 : (\mathbb{C}_2 - \mathbb{C}_1))^{-1}\right]^{-1}, \tag{I.48}$$

$$\mathbb{A}_2^{FC} = \left[\mathbb{I} + \mathbb{P}_1 : (\mathbb{C}_2 - \mathbb{C}_1)\right]^{-1}, \tag{I.49}$$

$$\mathbb{C}^{FC} = \mathbb{C}_1 + f_2\left[\mathbb{P}_1 + (\mathbb{C}_2 - \mathbb{C}_1)^{-1}\right]^{-1}. \tag{I.50}$$

Estimation autocohérente : soit un matériau biphasé dont aucune phase n'est dominante (les matériaux polycrystallins). Dans ce cas, chaque phase est considérée comme noyée dans un milieu de référence $\mathbb{C}^0$ possédant les caractéristiques du milieu homogénéisé recherché $\mathbb{C}^{AC}$, ce qui permet la prise en compte de l'interaction entre les phases. Dans cette situation, le milieu de référence est choisi tel que l'estimation d'Hashin-Shtrikman $\mathbb{C}^{HS}$ soit construite à partir de ce milieu lui-même [42, 46, 53] :

$$\mathbb{C}^{AC} = \mathbb{C}^{HS}\left(\mathbb{C}^{AC}\right). \tag{I.51}$$

L'estimation autocohérente suppose que le champ de déformation moyen des constituants est uniforme et égal à la déformation à l'infini, i.e. $\langle \boldsymbol{\varepsilon} \rangle = \mathbf{E}^0$, ce qui permet d'écrire :

$$\left\langle \left(\mathbb{C}^* + \mathbb{C}_r\right)^{-1} \right\rangle = \left(\mathbb{C}^* + \mathbb{C}^{AC}\right)^{-1}. \tag{I.52}$$

En appliquant la relation ci-dessus à (Eq. I.37), les tenseurs de localisation par phase $\mathbb{A}_r^{AC}$ sont réduits à :

$$\mathbb{A}_r^{AC} = \left(\mathbb{C}^* + \mathbb{C}_r\right)^{-1} : \left(\mathbb{C}^* + \mathbb{C}^{AC}\right) = \left[\mathbb{I} + \mathbb{P}^{AC}\left(\mathbb{C}_r - \mathbb{C}^{AC}\right)\right]^{-1}, \tag{I.53}$$

où $\mathbb{P}^{AC} = \mathbb{S}^{Esh} : \left(\mathbb{C}^{AC}\right)^{-1}$.

Conclusion

Pour conclure :

1. Ce chapitre présente des caractéristiques générales du matériau hétérogène étudié dans cette thèse : le gainage zircaloy-4 de combustible après un scénario accidentel APRP. Ce matériau présente à cœur une zone mixte des phases $\alpha(O)$ et ex-β qui est la seule partie du gainage gardant encore une certaine ductilité. Les inclusions $\alpha(O)$ (riche en oxygène) distribuées de façon aléatoire dans la matrice ex-β (pauvre en oxygène). Dû aux teneurs d'oxygène différents, les propriétés mécaniques des phases $\alpha(O)$ et ex-β sont différentes. Cela conduit au comportement mécanique hétérogène à l'échelle de la microstructure (dizaines µm) du gainage.

2. Afin de caractériser la réponse mécanique hétérogène à l'échelle locale du gainage après APRP, à partir d'images successivement enregistrées par une caméra CCD via un microscope optique au cours des essais mécaniques, la méthode de corrélation d'images numériques (CIN) permet de déterminer les champs de déplacements et de déformations du matériau. Pour avoir des champs cinématiques mesurés de bonne qualité, des paramètres de corrélation d'images (la taille de la zone de corrélation, la forme de fonction de lissage du champ de déplacements, la qualité du mouchetis déposé à la surface, etc.) doivent être bien choisis.

3. Une fois obtenus, les champs cinématiques à l'échelle micrométrique permettent d'apporter des données expérimentales contribuant à la construction et à la validation de la méthode d'homogénéisation inverse (MHI) qui sera présentée dans le chapitre III. La MHI proposée est une méthode d'identification des propriétés mécaniques par phase d'un matériau biphasé. Du fait que la MHI est développée suivant une démarche inverse de la méthode d'homogénéisation, la méthode d'homogénéisation dans une démarche directe a été présentée dans ce chapitre afin d'aider à la compréhension des paramètres basiques de la MHI.

—————————————————— Chapitre II——————————————————
Méthodes expérimentales

Sommaire

Introduction

L'objectif des techniques expérimentales mises en œuvre pour ce travail est de mesurer, sur un matériau hétérogène sollicité mécaniquement, des champs de déplacements et de déformations à l'échelle de la microstructure du matériau (taille de grain de l'ordre de la dizaine à quelques dizaines de μm).

La 1ère partie de ce chapitre décrit le dispositif d'essai mécanique et d'imagerie qui a été mis en œuvre pour la réalisation d'essais mécaniques de traction uniaxiale. La géométrie des éprouvettes en Zircaloy-4 et le mode de préparation adapté à l'imagerie microscopique sont présentés. Les conditions d'essais sont détaillées.

A partir d'images de la surface d'un échantillon enregistrées à différents instants au cours de la sollicitation, la technique de corrélation d'images numériques (CIN) permet, par comparaison des images entre elles, de déterminer les composantes dans le plan observé des champs cinématiques. La deuxième partie de ce chapitre est consacrée à une présentation du principe du logiciel de corrélation d'images utilisé (Kelkins), puis à l'étude de l'influence sur la précision du résultat de différents paramètres intervenant dans le calcul de CIN. Cette étude permet d'optimiser la précision des mesures CIN.

Dans une 3ème partie, l'influence de paramètres propres au dispositif d'acquisition d'images est examinée. En particulier, la distorsion optique causée par l'aberration sphérique du microscope, qui génère des erreurs significatives sur les mesures de déplacement, est montrée. Une procédure de correction de la distorsion est proposée. Elle permet d'améliorer les performances de la mesure des champs de déplacement. Des tests sur des transformations de type mouvement de solide rigide permettent d'évaluer le « bruit » résiduel sur les champs de déformations. Enfin, afin de tester la performance du dispositif de CIN lors de mesure de déformations hétérogènes réelles, un essai de compression d'anneau, qui génère de forts gradients de déformation suivant l'épaisseur de l'anneau, est mise en place.

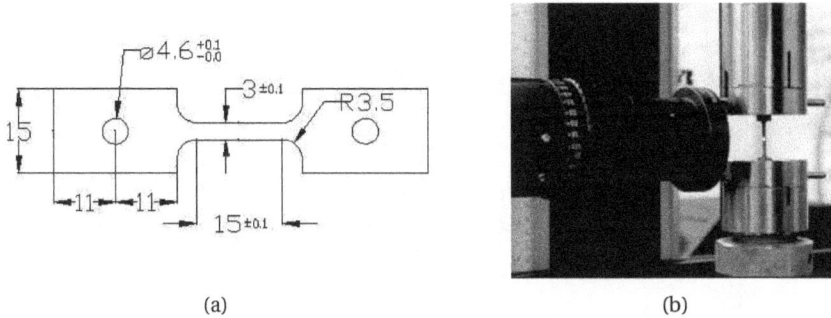

(a)   (b)

FIGURE II.1 – *(a) Dimension (en mm) de l'éprouvette plane utilisée. (b) Montage de l'éprouvette lors d'un essai de traction uniaxiale monotone*

1 Essais de traction uniaxiale avec imagerie microscopique

1.1 Géométrie des éprouvettes et création de mouchetis

a Géométrie des éprouvettes

L'étude du matériau Zy-4 dans une géométrie tubulaire pose des difficultés de préparation de la surface d'observation et de montage sur la machine d'essai. Le choix où donc été fait de travailler sur des plaques planes en Zy-4 recristallisé (ou Zy-4 RXA), fournies par CEZUS (filiale du groupe AREVA). Les éprouvettes de traction ont une géométrie en os de chien (FIGURE II.1-a) et sont usinées par électroérosion, ce qui offre l'avantage de ne pas modifier de manière significative les propriétés mécaniques et métallurgiques du métal. Après usinage, les éprouvettes planes comprennent une partie utile constituée d'un fût à section plate, des têtes percées de fixation, et entre les deux, des raccordements conçus pour minimiser les concentrations de contrainte. La taille des têtes est choisie pour une rigidité suffisante. La sollicitation de type traction se fait par l'application d'un chargement sur deux tiges qui passent par les deux trous des têtes de fixation, FIGURE II.1-b. La dimension de la zone utile de l'éprouvette est définie comme suit :
- Longueur initiale de la zone utile : L_0=15 mm,
- Largeur initiale de la zone utile : l_0=3 mm,
- Épaisseur initiale de la zone utile : e_0=437 μm.

b Création de mouchetis

La mise en œuvre d'une analyse par CIN-2D requiert l'existence de motifs aléatoires observables à la surface de l'échantillon. Avant de déposer le mouchetis aléatoire, la surface observée est préalablement polie pour obtenir une surface miroir permettant notamment une analyse métallographique. Compte tenu de la géométrie des éprouvettes, elles doivent être collées sur un support pour pouvoir être polie. Le polissage s'effectue manuellement, ce qui requiert beaucoup de précaution. Un polissage en cinq étapes, adapté à la dureté du matériau après oxydation, est

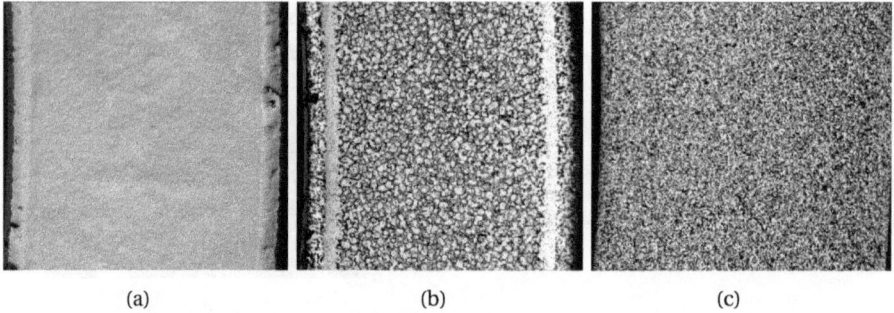

(a)   (b)   (c)

FIGURE II.2 – *Exemple d'images métallographiques de gaines zircaloy-4. (a) et (b) - pré-oxydée à 500°C pendant 12 jours + oxydé à 900°C pendant 100 minutes sous vapeur d'eau ; (a) avant attaque chimique, (b) après attaque chimique. (c) vierge (sans traitement d'oxydation) et attaque chimique.*

mis en œuvre :

- 1ère étape : Papier SiC 200 avec de l'eau,
- 2ème étape : Papier SiC 500 avec de l'eau,
- 3ème étape : Papier SiC 1200 avec de l'eau,
- 4ème étape : MD Plan 6 μm avec de la suspension diamantée 6 μm et du lubrifiant,
- 5ème étape : MD/OP Chem avec une suspension de silice colloïdale.

Entre chaque étape, l'échantillon est soigneusement nettoyé. Ce nettoyage se fait à l'eau pour les trois premières étapes et à l'éthanol dans un bain à ultrasons pour les deux dernières. A l'issu du polissage, un nettoyage en 3 étapes permet d'éliminer les résidus de polissage :

- 1er bain : solution non diluée de RBS (agent liquide concentré alcalin à base de tensioactif),
- 2ème bain : eau chaude,
- 3ème bain : éthanol.

Après polissage métallographique, les surfaces étudiées présentent, dans la plupart des cas, peu de source de contraste naturel, des motifs convenant à l'échelle d'observation doivent donc être créés. Ils doivent répondre aux critères suivants : distribution spatiale uniforme, taille caractéristique faible, bonne tenue sous sollicitation (ils ne doivent pas se dégrader ni fissurer pendant les essais). La méthode de projection dosée de peinture aérosol couramment utilisée en CIN pour créer des mouchetis n'est pas applicable à l'échelle microscopique considérée ici. Différentes alternatives ont été essayées : création de rayures ou d'empreintes avec un abrasif SiC de granulométrie fine (1μmou 6μm), dépôt de poussières fines, attaque chimique. Cette dernière méthode s'avère la plus satisfaisante du point de vue des critères CIN et peut permettre par ailleurs de révéler la microstructure de l'alliage.

L'attaque chimique des alliages base zirconium requiert l'utilisation de solutions contenant de l'acide fluorhydrique (HF), de l'acide nitrique (HNO_3) et de l'acide sulfurique (H_2SO_4). L'attaque chimique est effectuée par trempage de l'échantillon dans la solution acide (procédure chimique) ou par frottage de coton imbibé sur sa surface (procédure mécano-chimique). La manipulation doit être réalisée avec beaucoup de précaution pour obtenir des résultats reproductifs. Quelques exemples de résultats obtenus sont présentés sur la FIGURE II.2 (voir Annexe A pour plus de résultats obtenus). La FIGURE II.2-a illustre que le contraste naturel après polissage est insuffisant pour la CIN sans attaque chimique. La FIGURE II.2-b, obtenue sur une gaine oxydée à 900°C, montre que l'attaque chimique a révélé dans la zone centrale la microstructure de l'alliage oxydé. Près des peaux externes, une couche durcie par la présence d'oxygène en solution dans le métal n'est pas attaquée. Dans cette zone, le contraste reste insuffisant pour la CIN. La FIGURE II.2-c est un exemple de mouchetis crée par attaque chimique sur le métal brut, c'est-à-dire non oxydé. Le motif est très fin, uniformément réparti, et offre un bon contraste. La qualité du mouchetis créé par attaque chimique dépend ainsi étroitement de l'état du matériau. Pour la qualification des performances du dispositif de microscopie, des configurations de type (c) sont utilisées, en faisant l'hypothèse que l'état de surface engendré ne perturbe pas le comportement du matériau.

1.2 Dispositif d'essai

Après l'attaque chimique, l'éprouvette est montée sur la machine d'essai en utilisant des mors à goupille spécifiquement conçus. Le système mécanique de charge combiné avec un système d'acquisition d'images (caméra + microscope optique) permet d'enregistrer des images de la partie centrale de la zone utile de l'éprouvette au cours de la sollicitation. La surface observée de l'éprouvette doit être perpendiculaire à l'axe optique du microscope. Ce dernier est fixé sur un système des platines de déplacements et d'alignements microscopiques. Le dispositif expérimental est donc composé des éléments suivants, FIGURE II.3 :

1. Machine de traction-compression INSTRON 5566 à double colonne :
   – Traverse inférieure fixe,
   – Traverse supérieure équipée d'une cellule de charge de 1 kN.

2. Système d'acquisition et de pilotage de la machine permettant un asservissement en force ou en déplacement.

3. Microscope optique longue distance : optique LEICA à grandissement variable. Au grandissement maximum, le champ d'observation est de 494 x 590 μm^2. Il permet un éclairement coaxial de la zone à observer. La distance de travail est de 39 mm.

4. Caméra CCD (Coupled-Charge-Device) de haute résolution BAUMER :
   – 2050 x 2448 pixels,
   – Résolution numérique au grandissement maxi de l'optique LEICA : 0,241 μm/pixel,
   – Numérisation : 8 ou 16 bits.

5. Un ensemble de platines de translations (trois degrés de liberté) et de rotations (deux degrés de liberté) micrométriques sur lequel sont montés le microscope et la caméra.

6. Système d'acquisition et de pilotage de la caméra CCD.

7. Illuminateur de lumière blanche accompagné de son guide de lumière flexible.

8. Table de banc optique : l'ensemble machine d'essai + microscope est posé sur cette table, ce qui permet de supprimer les perturbations dues aux vibrations.

9. Les mors à goupille.

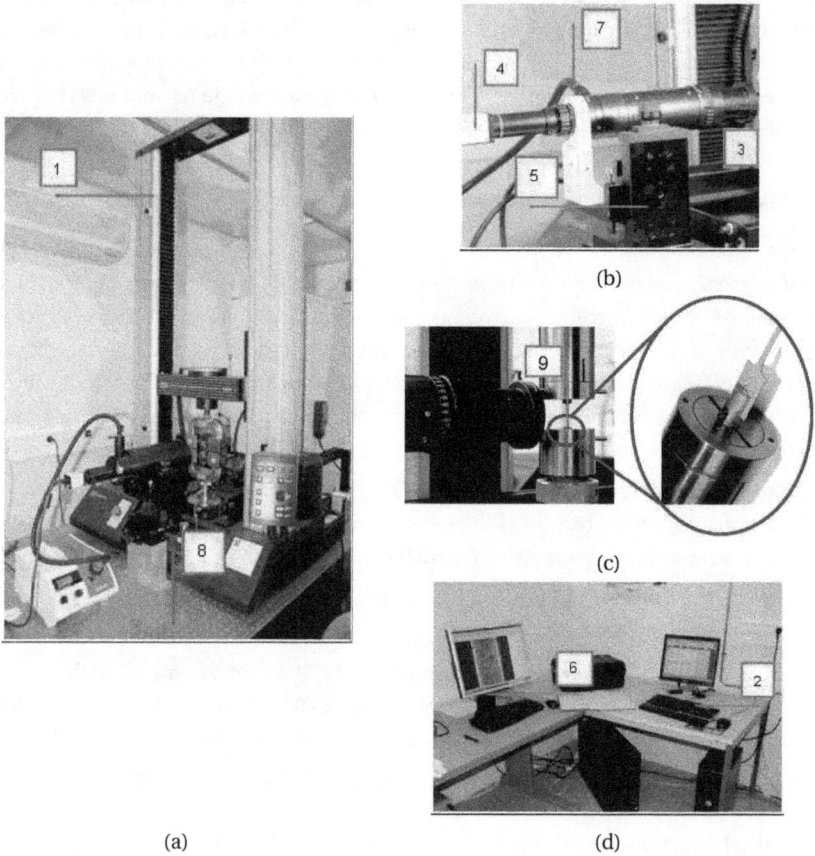

FIGURE II.3 – *Dispositifs expérimentaux : (a) vue ensemble, (b) système de caméra, (c) montage de l'éprouvette sur les mors avec les cales ajoutées, (d) commande de l'acquisition de l'essai*

1.3 Conditions des essais

a Réglage de la machine d'essai

Du fait que la traverse inférieure est fixe, la surface observée de l'objet est translatée vers le haut au cours des essais mécaniques de traction, ou vers le bas au cours des essais mécaniques de compression. La caméra doit donc être également translatée au cours des essais pour garder la zone d'étude dans le champ d'observation. Du fait de la faible profondeur de champ du microscope, une refocalisation peut être nécessaire en cours d'essai. Pour cette raison, les essais mécaniques ont été amenés à réaliser par paliers et pilotés en déplacement : déplacement micrométrique de la traverse, réajustement de la visée / refocalisation, acquisition d'image. Le domaine d'étude considérée est le domaine élastique linéaire du matériau. En prenant en compte la limite d'élasticité du matériau, le pas de chaque palier de l'essai de traction uniaxiale a été défini pour avoir environ une dizaine de paliers dans ce domaine, avec un temps d'arrêt entre chaque palier choisi pour permettre les opérations de réajustement de l'optique. Les conditions d'essais sont donc les suivantes :

– Température ambiante : 20°C,
– Vitesse de la traverse : 1 mm/min,
– Traction par paliers de 10 µm,
– Temps d'arrêt entre chaque palier : 30s.

b Réglage du système d'acquisition d'images

La méthode CIN-2D a l'avantage d'être sans contact. Néanmoins, cette méthode est très sensible aux éventuels défauts d'alignement entre l'optique et la surface visée de l'objet et aux variations de la distance optique-objet. Cela aura pour effet de dilater l'image (ou de la contracter selon l'orientation du défaut de parallélisme) au cours d'une translation. Au cours de la mise en charge, l'éprouvette peut subir des mouvements parasites (rotations, mouvement hors plan, FIGURE II.4) pouvant générer des déformations parasites et des fluctuations de l'éclairage de la surface observée. Pour minimiser ces effets, l'alignement de l'axe optique avec la surface visée est ajusté avant l'essai au moyen des platines micrométriques.

D'autre part, le bruit d'image dû au système numérique d'acquisition peut influencer les calculs de CIN-2D. Pour qualifier ce bruit, deux séries de 30 images d'une même surface non sollicitée prises dans des conditions d'éclairage identiques, mais avec des temps d'exposition différents, ont été considérées. Une image quelconque parmi ces images est considérée comme référence. Pour chaque image, la différence pixel à pixel avec l'image de référence est calculée, les histogrammes des niveaux de gris des différences sont tracés sur la FIGURE II.5, pour deux temps d'exposition différents. La FIGURE II.5 montre que le bruit de caméra est un bruit gaussien avec une variance $S^2 \approx 16$ niveaux de gris, où S est l'écart-type de la dispersion. Pour les temps d'exposition courts (2000 µs), la valeur moyenne du bruit n'est pas nulle à chaque image : tous les histogrammes ne sont pas centrés sur zéro. Au contraire, pour un temps d'exposition long (32000 µs), la valeur moyenne est constante et égale à zéro. Pour la suite, un temps d'exposition de 32000 µs a été utilisé.

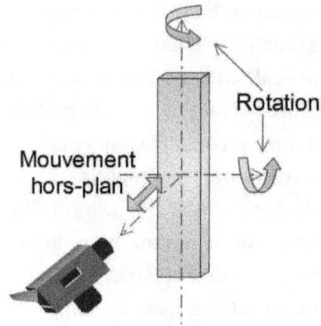

FIGURE II.4 – *Les mouvements parasites : rotations et mouvement hors plan*

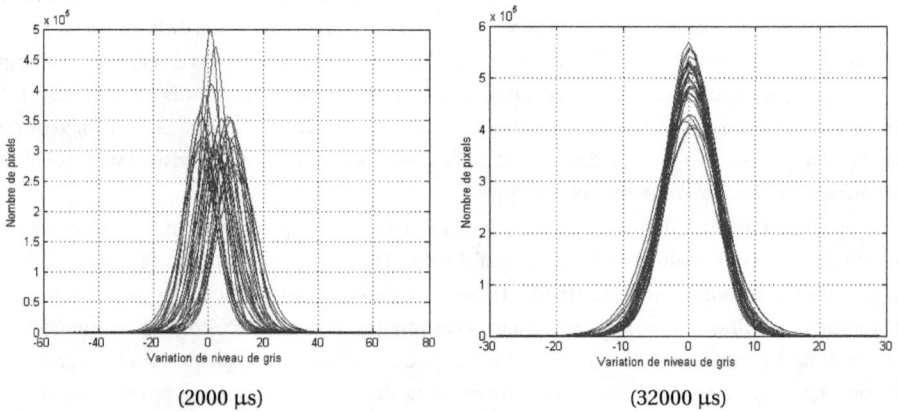

FIGURE II.5 – *Histogramme du bruit d'images pour différents temps d'exposition*

2 Corrélation d'images numériques microscopique

2.1 Principe - Le logiciel « Kelkins »

Le calcul des champs de déplacement ainsi que des champs de déformation à partir d'images acquises au cours d'une sollicitation mécanique est réalisé par corrélation d'images. Le logiciel « Kelkins » développé au laboratoire de Mécanique et Génie Civil de Montpellier est utilisé [95]. Ce logiciel permet de mettre en œuvre un algorithme de corrélation d'images pour le calcul des composantes de déplacements dans le plan d'observation.

a Trois modes de corrélation d'images

Il est possible de déterminer les champs de déplacements par corrélation de trois manières différentes, FIGURE II.6 :

– Mode absolu : les images acquises successivement au cours de l'essai sont comparées à l'image initiale (non déformée). Ce mode est généralement utilisé pour des faibles déformations où la déformation des motifs de la surface entre l'état initial et l'état mesuré est faible.

– Mode incrémental : la corrélation est effectuée entre les deux images successives. Les déplacements sont cumulés afin d'évaluer la déformation à un instant donné. Ce mode est généralement utilisé pour des grandes déformations. Le cumul des déplacements induit inévitablement un cumul des erreurs.

– Mode mixte : ce mode est un compromis entre les deux modes précédents. Le calcul est effectué en mode absolu par séries de n images et en mode incrémental pour les séries successives.

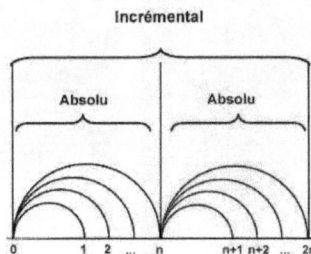

FIGURE II.6 – *Trois modes de calcul de corrélation d'images*

Dans l'étude considérée, le mode absolu est retenu pour mesurer la déformation des échantillons Zircaloy-4 oxydés qui sont généralement fragiles et donc présentent de faibles déformations. Par contre, les modes incrémental et mixte ont été utilisés pour les essais avec éprouvette Zircaloy-4 vierge car ce matériau présente un domaine élastique étendu.

b   Trois étapes de corrélation d'images

La corrélation d'images est effectuée en trois étapes distinctes. Le déplacement de chaque point, qui se caractérise par deux composantes planes (u, v), est associé au système de coordonnées propres $(\vec{x}, \vec{y})$ de la caméra (cf. FIGURE II.7).

– Calcul MSR : un « mouvement de solide rigide » se superpose généralement aux déplacements dus aux déformations de l'éprouvette. Ce premier calcul permet d'évaluer cette composante de mouvement de solide rigide. Il est effectué sur un maillage relativement grossier, afin de limiter le temps de calcul. La composante de solide rigide est alors soustraite point par point à l'image déformée.

– Calcul fin : ce calcul permet de calculer la composante du déplacement due à la déformation. La taille de la zone de recherche peut être restreinte, ce qui permet de diminuer fortement le temps de calcul, et donc d'utiliser un maillage plus fin.

– Calcul des déformations : ce calcul se fait par dérivation discrète du champ de déplacement. La déformation au point de mesure est calculée à l'aide d'une intégrale de contour à partir de la moyenne du gradient de transformation sur un petit voisinage.

c   Définition des paramètres de calcul

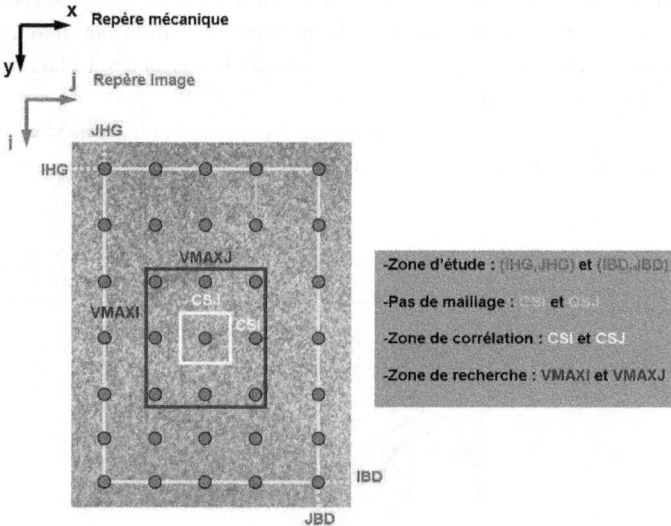

FIGURE II.7 – *Paramètres de calcul de « Kelkins » à définir*

Les images doivent être au format Bitmap codées sur 8 bits ou 16 bits. Dans le logiciel, toutes les longueurs et les déplacements sont exprimés en pixels. En amont du traitement d'images, des paramètres de calcul essentiels doivent être définis, FIGURE II.7. La taille de la zone d'étude (ZE) est définie par deux points de coordonnées (IHG,JHG) (point en haut à gauche) et (IBD,JBD) (point en bas à droite). Les points d'étude sont régulièrement espacés des pas GSI et GSJ respectivement suivant les directions $\vec{i}$ et $\vec{j}$. Les dimensions de la zone de corrélation (ZC) et de la zone de recherche (ZR) sont respectivement définies par (CSI,CSJ) et (VMAXI,VMAXJ).

L'ensemble de ces paramètres est à déterminer avec précaution afin de minimiser les erreurs et le temps de calcul, tout en conservant une bonne résolution spatiale. Ces paramètres doivent être définis en tenant compte du mouchetis ainsi que de l'amplitude maximum du déplacement entre les deux images. Dans la suite, l'influence de la taille de la ZC sur la précision des calculs est examinée.

2.2 Influence de la taille de la zone de corrélation

Le choix de la taille de la ZC dépend de la qualité du mouchetis et du bruit d'image. Dans ce paragraphe, des déplacements à une image réelle acquise avec le microscope optique sont imposés de manière numérique. La différence entre les champs de déplacements imposés et ceux mesurés par CIN pour différentes tailles de ZC est évaluée pour tester la performance de la mesure CIN. Pour caractériser la différence entre ces deux champs de déplacements, l'erreur « quadratique moyenne » (Eq. II.1), notée S est utilisée. Elle comporte une composante d'erreur « systématique » $\bar{e}$ (Eq. II.2) et une composante d'erreur « aléatoire » $\hat{e}$ (Eq. II.2). L'erreur systématique $\bar{e}$ est définie comme la moyenne sur les N points de l'image des différences entre la grandeur mesurée X_i par CIN et la grandeur imposée $X_i^{imposé}$ (Eq. II.3). L'erreur systématique est principalement causée par la méthode d'interpolation utilisée dans l'algorithme d'intercorrélation [95, 78]. Tandis que l'erreur aléatoire provient plutôt du bruit sur l'image.

$$S = \sqrt{\frac{\sum_{i=1}^{N}\left(X_i - X_i^{imposé}\right)^2}{N}} = \sqrt{\frac{N-1}{N}\hat{e}^2 + \bar{e}^2}\,, \tag{II.1}$$

$$\hat{e} = \sqrt{\frac{N\sum_{i=1}^{N}\left(X_i - X_i^{imposé}\right)^2 - \left(\sum_{i=1}^{N}\left(X_i - X_i^{imposé}\right)\right)^2}{N(N-1)}}\,, \tag{II.2}$$

$$\bar{e} = \frac{1}{N}\sum_{i=1}^{N}\left(X_i - X_i^{imposé}\right) = \left\langle X_i - X_i^{imposé}\right\rangle. \tag{II.3}$$

Dans la définition des paramètres de calcul CIN, la taille de la ZC peut varier de plusieurs pixels à plus d'une centaine de pixels. D'une part, la taille de la ZC doit être suffisamment large afin que chaque motif soit unique. D'autre part, il est à noter qu'une plus grande taille de ZC donne lieu à des erreurs plus importantes dans l'approximation des déformations. Une petite taille de ZC est ainsi préférable afin de garantir une mesure fiable de déformation. Ces deux exigences contradictoires impliquent qu'il existe un compromis sur la dimension de la ZC [10]. La dimension de ZC optimale dépend étroitement de la taille et de la distribution des motifs présentes sur la surface observée, et donc du mode de préparation de la surface de l'éprouvette avant essai. Plutôt que de s'appuyer sur l'expérience et l'intuition pour définir manuellement cette dimension, Pan [68] a proposé un modèle théorique qui permet d'évaluer la précision de déplacement mesuré par CIN en ajustant la taille de la ZC. Ce modèle est basé sur l'algorithme de minimisation du coefficient de corrélation C_{SSD} (I.5).

Soient deux images I_1 (image de référence) et I_2 (image déformée) d'une même surface prises à deux instants différents. Après une déformation donnée, le point $P(x, y)$ de l'image I_1 est trouvé au point $Q(x', y')$ de l'image I_2. Ils présentent respectivement les niveaux de gris $f(x, y)$ et $g(x', y')$. Bien que plusieurs types de déformation peuvent être utilisés, un mouvement de solide rigide $\vec{\delta} = (\delta_x, \delta_y)$ est employé par Pan [68] en raison de sa simplicité et sa commodité, ce qui conduit aux relations :

$$x' = x + \delta_x = x + \delta_x^0 + \delta_x^1 \quad \text{et} \quad y' = y + \delta_y = y + \delta_y^0 + \delta_y^1, \tag{II.4}$$

où $\left(\delta_x^0, \delta_y^0\right)$ sont les déplacements en pixels entiers et $\left(\delta_x^1, \delta_y^1\right)$ sont les déplacements sous-pixel. En utilisant le premier ordre de série de Taylor, $g(x', y')$ est réécrit par :

$$g\left(x + \delta_x^0 + \delta_x^1, x + \delta_y^0 + \delta_y^1\right) = g\left(x + \delta_x^0, x + \delta_y^0\right) + \delta_x^1 \cdot g_x\left(x + \delta_x^0, y + \delta_y^0\right) + \delta_y^1 \cdot g_y\left(x + \delta_x^0, y + \delta_y^0\right), \tag{II.5}$$

où g_x et g_y sont ici les dérivées d'ordre un de la fonction g, par rapport aux variables x et y respectivement. Dans l'étude considérée, les niveaux de gris sont discrets, g_x et g_y sont donc calculées par la différence centrale des niveaux de gris de h points voisins du point $\left(x + \delta_x^0, y + \delta_y^0\right)$ suivant les directions $\vec{e}_x$ et $\vec{e}_y$:

$$
\begin{aligned}
g_x\left(x + \delta_x^0, y + \delta_y^0\right) &= \frac{g\left(x + \delta_x^0 + h, y + \delta_y^0\right) - g\left(x + \delta_x^0 - h, y + \delta_y^0\right)}{2h}, \\
g_y\left(x + \delta_x^0, y + \delta_y^0\right) &= \frac{g\left(x + \delta_x^0, y + \delta_y^0 + h\right) - g\left(x + \delta_x^0, y + \delta_y^0 - h\right)}{2h}.
\end{aligned}
\tag{II.6}
$$

Les images enregistrées par le système d'acquisition présentent du bruit, ce qui écarte les déplacements de leurs valeurs réelles. Notons η_1 et η_2 les bruits aléatoires subis par les images de référence et déformée. La distribution des niveaux de gris des images bruitées peut s'écrire :

$$f'(x, y) = f(x, y) + \eta_1(x, y), \quad g'(x', y') = g(x', y') + \eta_2(x', y') \quad \text{et} \quad \eta = \eta_2 - \eta_1. \tag{II.7}$$

En supposant que $g_x\left(x + \delta_x^0, y + \delta_y^0\right) \sim f_x(x, y)$ et que $g_y\left(x + \delta_x^0, y + \delta_y^0\right) \sim f_y(x, y)$, Pan [68] a montré que les erreurs quadratiques moyennes des déplacements mesurés par CIN suivant $\vec{x}$ et $\vec{y}$ sont données par les équations :

$$S_x \sim \left(\frac{S_\eta}{\sum\sum (f_x)^2}\right)^{\frac{1}{2}} \quad \text{et} \quad S_y \sim \left(\frac{S_\eta}{\sum\sum (f_y)^2}\right)^{\frac{1}{2}}, \tag{II.8}$$

où S_η^2 est la variance du bruit d'image, $\sum\sum (f_x)^2$ et $\sum\sum (f_y)^2$ sont respectivement les sommes sur la zone de corrélation des carrés des gradients de niveaux de gris suivant les directions $\vec{x}$ et $\vec{y}$ (Sum of square of subset intensity gradients (SSSIG)).

La FIGURE II.8 présente la variation des erreurs quadratiques moyennes S_x et S_y en fonction de la SSSIG et pour différentes valeurs de la variance du bruit gaussien d'image. Il s'avère que le système d'acquisition introduit sur les images un bruit gaussien de variance $S_\eta^2 \sim 16$ (cf. FIGURE II.5).

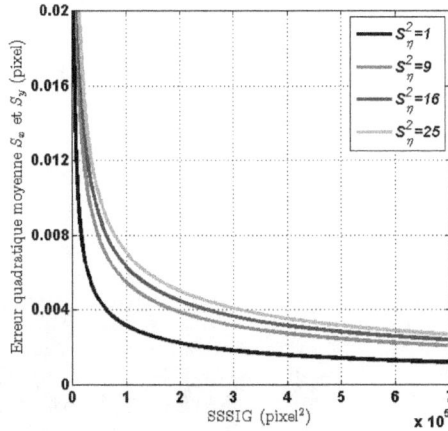

FIGURE II.8 – *Erreur quadratique moyenne des déplacements en fonction de la SSSIG pour les différentes variances du bruit d'image*

La précision des mesures de déplacement, qui dépend de S_x et S_y, peut être améliorée en augmentant la SSSIG. La SSSIG, quant à elle, peut être augmentée ou diminuée en ajustant la taille de la ZC. L'équation (Eq. II.8) donne ainsi un critère de sélection de taille de la ZC se basant sur la variance du bruit d'image S_η^2 et les SSSIG. Afin de mieux qualifier la méthode de sélection de la taille de ZC en éliminant certains facteurs d'influence (distorsion optique, fluctuation de l'éclairage pendant la capture d'image, etc.), des analyses ont été réalisées en appliquant à des images de la surface d'éprouvettes réelles des transformations numériques. Trois types d'image ont été testées, FIGURE II.9. Pour chaque image, l'image dite « déformée » est créée à partir de l'image de référence à l'aide du logiciel MATLAB en ajoutant un bruit gaussien de variance $S_\eta^2 = 16$. Le déplacement imposé est nul.

Les images de la FIGURE II.9 sont de taille 2000 x 2000 pixels, ou 480 x 480 µm². Dans le cas où les déplacements imposés sont nuls, les erreurs quadratiques moyennes des déplacements mesurés par CIN peuvent être réduites aux équations :

$$S_x = \sqrt{\frac{1}{N} \sum^N u^2} \quad \text{et} \quad S_y = \sqrt{\frac{1}{N} \sum^N v^2}, \tag{II.9}$$

où (u, v) sont respectivement les composantes de déplacements suivant $\vec{x}$ et $\vec{y}$. Les calculs de déplacements sont effectués aux points d'un maillage régulier ayant un pas de 20 x 20 pixels. La taille de ZC varie de 31 x 31 pixels à 211 x 211 pixels avec des incréments de 20 pixels. Pour cette étude, les SSSIG sont calculées par la différence centrale de 5 points voisins (Eq. II.6). La variation des erreurs quadratiques moyennes des déplacements (S_x, S_y) réalisées sur les trois couples d'images en fonction de différentes tailles de ZC est présentée sur la FIGURE II.10. Celle-ci montre que (S_x, S_y) s'atténuent lorsque la taille de la ZC augmente. Le couple d'images (a) présente un contraste plus faible que ceux des couples d'images (b) et (c). Et il s'avère que : 1/ pour la même taille de la ZC, les valeurs (S_x, S_y) obtenues pour les images (a) sont deux fois plus importantes que celles obtenues

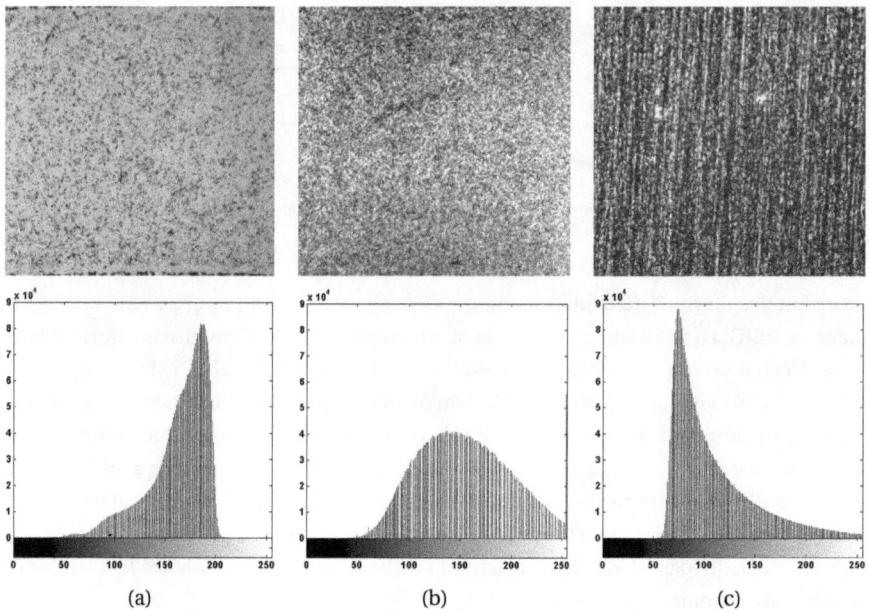

FIGURE II.9 – *Trois types d'images (et les histogrammes de niveaux de gris correspondants) utilisés pour les tests. La taille des images est de 480 x 480 μm^2. Ces images correspondent à : (a) une éprouvette Zy-4 pré-oxydée à 500°C pendant 12 jours, puis oxydée 900°C pendant 6000 secondes ; (b,c) les éprouvette Zy-4 vierges. Les surfaces ont été polies et ont subit une attaque chimique. Les images (b) et (c) diffèrent par le procédé de polissage*

pour les images (b) et (c), 2/ les images (a) requièrent une taille de ZC deux fois plus large pour atteindre les mêmes (S_x, S_y) que (b) et (c).

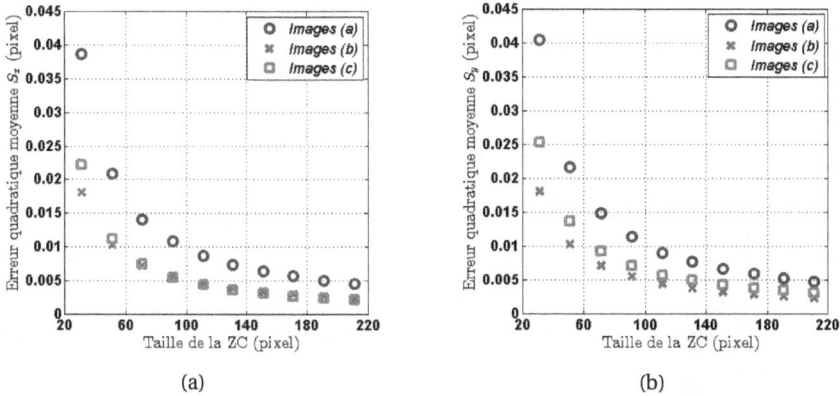

(a)   (b)

FIGURE II.10 – *Erreurs quadratiques moyennes des déplacements S_x (a) et S_y (b) par rapport à la taille de la ZC*

Une autre manière de représenter ces résultats est d'utiliser comme abscisse les SSSIG suivant chaque direction, FIGURE II.11. La FIGURE II.11 montre une forte corrélation entre les erreurs quadratiques moyennes théoriques (Eq. II.8) et expérimentales (mesure de CIN). Du fait que les images (a) présentent un plus faible contraste, leurs SSSIG sont moins importantes à taille de ZC fixée que celles des couples (b) et (c), et atteignent une SSSIG maximum de 2.10^5 pixel^2 pour la plus grande taille de ZC testée, au lieu de 7.10^5 pixel^2 pour les deux autres couples d'image. Les images (b) présentent une distribution uniforme de motif suivant les deux direction $\vec{x}$ et $\vec{y}$, alors que les images (c) ont un contraste suivant $\vec{y}$ plus faible que celui suivant $\vec{x}$. C'est pour cette raison que les SSSIG obtenues pour (b) sont uniformes, alors que (c) présentent un SSSIG maximum moins importante suivant $\vec{y}$ que suivant $\vec{x}$. Pour la même précision des mesures CIN dans les deux directions, les images (c) requièrent une plus grande ZC dans la direction $\vec{y}$ que dans la direction $\vec{x}$.

La SSSIG est donc un paramètre déterminant qui affecte directement la sensibilité des mesures de déplacement par CIN. Les performances atteintes dépendent fortement de la qualité de contraste des surfaces étudiées. Ces résultats montrent aussi qu'une ZC de grande taille est préférable. Néanmoins, il faut noter qu'une grande taille de ZC donne lieu à des erreurs plus importantes dans l'approximation des déformations. Face à cette situation, pour aider au choix de la taille de ZC, une valeur seuil de SSSIG est fixée à 10^5 pixel^2, ce qui correspond à des ZC de taille 171 x 171, 91 x 91 et 111 x 111 pixels respectivement pour les couples d'images (a), (b) et (c). Pour cette valeur seuil, les erreurs quadratiques moyennes de déplacement (S_x, S_y) obtenues sont d'environ 0,006 pixel.

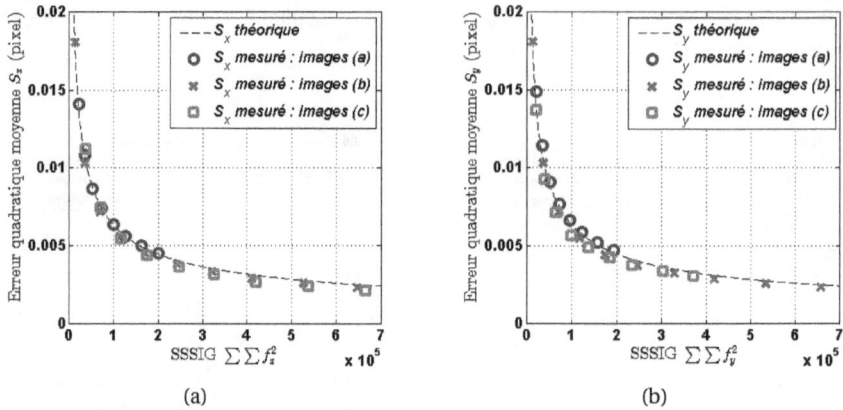

(a)   (b)

FIGURE II.11 – *Erreurs quadratiques moyennes des déplacements S_x (a) et S_y (b) par rapport à SSSIG*

2.3   Qualification des performances sous-pixel

Dans ce paragraphe, lorsque des mouvements de solide rigide non nuls sont imposés à l'image, l'impact de la taille de ZC sur les mesures de déplacement sous-pixel est étudié. Afin de qualifier la performance de la CIN dans ces conditions, des mouvements de solide rigide compris entre 0 et 1 pixel par pas de 0,05 pixel sont appliqués sur l'image (b) de la FIGURE II.9, qui présente la meilleure qualité de mouchetis, suivant les directions $\vec{x}$ et $\vec{y}$. L'interpolation par des fonctions splines bicubiques est utilisée pour définir le niveau de gris de chaque pixel de l'image translatée. Un bruit gaussien de variance $S_\eta^2 \sim 16$ est ajouté à chaque image translatée. Des ZC de la taille 71 x 71, 91 x 91 et 111 x 111 pixels sont considérées. Les deux composantes de l'erreur, erreur systématique $\tilde{e}$ et erreur aléatoire $\hat{e}$, sont étudiées.

Les variations de l'erreur systématique $\tilde{e}$ et de l'erreur aléatoire $\hat{e}$ en fonctionnement du déplacement imposé sont tracées sur la FIGURE II.12-a, pour les deux directions de translations suivant $\vec{x}$ et $\vec{y}$ et pour une taille de ZC de 91 x 91 pixels ; et sur la FIGURE II.12-b en considérant une seule direction de translation $\vec{x}$ mais pour différentes tailles de la ZC. Ces figures montrent que :

– l'erreur systématique, introduite par la méthode d'interpolation des niveaux de gris, présente une variation en S. Elle est nulle pour un déplacement imposé de 0,5 pixel. La mise en évidence de ces résultats peut être retrouvée dans la thèse de Triconnet [90],

– l'erreur systématique ne dépend par de la taille de la ZC considérée,

– l'erreur aléatoire qui peut être attribuée au bruit de l'image est constante quel que soit le déplacement imposé. Elle diminue lorsque la taille de la ZC est augmentée.

L'erreur quadratique moyenne S, somme des composantes quadratiques et aléatoire, est tracée sur les figures II.12-c et d. Elle est au maximum de l'ordre de 10^{-2} pixels, ce qui peut être considéré comme très satisfaisant.

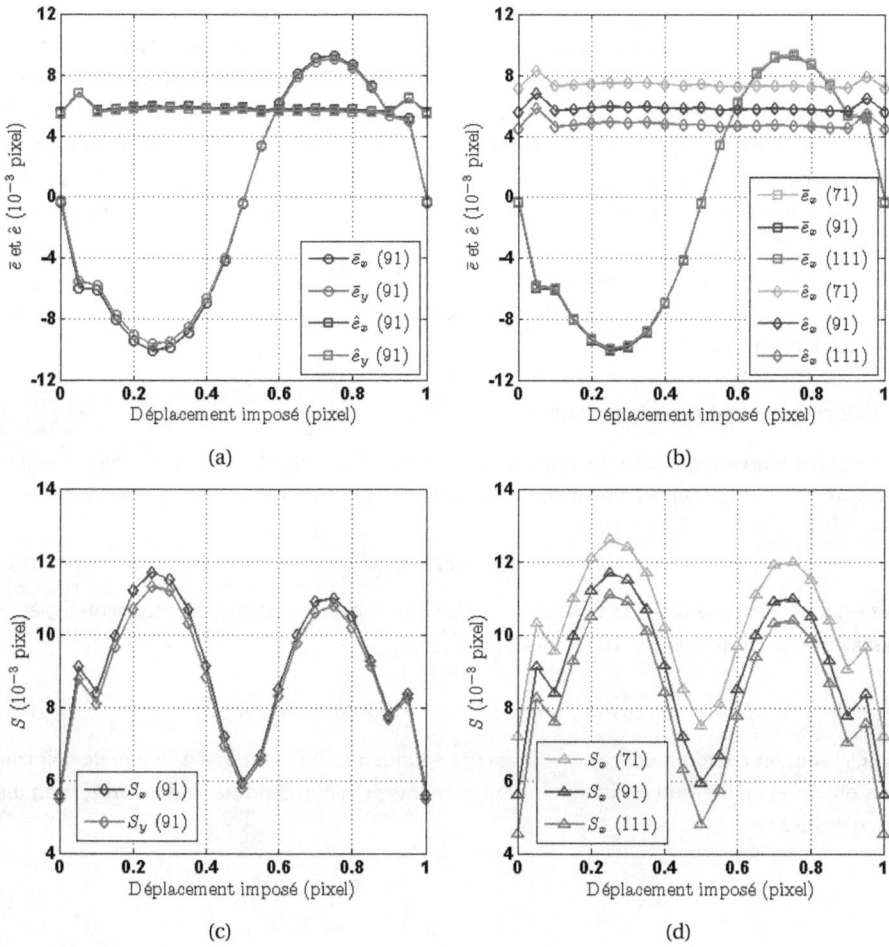

FIGURE II.12 – *Erreur systématique ē et erreur aléatoire ê en déplacement dans les deux directions $\vec{e}_x$ et $\vec{e}_y$ pour une taille de ZC de 91 x 91 pixels (a), et dans la seule direction $\vec{e}_x$ pour différentes tailles de ZC (b). (c) et (d) sont les variations de l'erreur quadratique moyenne S correspondante*

2.4   Performances de la CIN pour des déformations « numériques » homogènes

Rappelons qu'avant de calculer le champ de déformations, un champ de déplacements approximé est construit, à partir de résultats de CIN, sur une zone d'approximation (ZA) contenant $(2p_x + 1) \times (2p_y + 1)$ valeurs de déplacement discret (Eq. I.21). Cette construction se base sur deux couples de paramètres (d_x, d_y) (degré de la fonction polynômiale d'approximation) et (p_x, p_y) (nombre de points voisins de chaque côté du point considéré), qui influencent fortement le calcul des déformations. Dans ce paragraphe, cette influence est qualifiée en utilisant la méthodologie suivante : à partir d'une image de référence (l'image de la Figure II.9-b est encore choisie), une image déformée est générée numériquement. Un champ de déformation « expérimental » de Green-Lagrange est déterminé par comparaison CIN entre l'image de référence et l'image déformée, et est ensuite comparé à la déformation numérique imposée. Trois types de déformation sont considérés :

- déformation hydrostatique plane,
- traction uniaxiale (sans contraction transverse),
- cisaillement simple.

a   Déformation hydrostatique plane

En prenant le centre de l'image de référence comme origine de la base de coordonnées polaires $(\vec{e}_r, \vec{e}_\theta)$, une translation radiale est appliquée à chaque point $\vec{r}(r, \theta)$ de l'image de référence :

$$\vec{u}_r = \varepsilon r \vec{e}_r, \tag{II.10}$$

où ε est une constante donnée. Le champ u_r peut être converti en déplacements selon $\vec{e}_x$ et $\vec{e}_y$ du système de coordonnées cartésiennes $(\vec{e}_x, \vec{e}_y)$:

$$\vec{u}_x = \varepsilon r \cos(\theta) \vec{e}_x = \varepsilon x \vec{e}_x \quad \text{et} \quad \vec{u}_y = \varepsilon r \sin(\theta) \vec{e}_y = \varepsilon y \vec{e}_y, \tag{II.11}$$

où (x, y) sont les coordonnées cartésiennes correspondantes du point $\vec{r}$. Le champ de déformations obtenues en dérivant le champ de déplacements peut être exprimé sous la forme d'un tenseur d'ordre 2 :

$$\boldsymbol{\varepsilon} = \begin{pmatrix} \varepsilon_{xx} & \varepsilon_{xy} \\ \varepsilon_{xy} & \varepsilon_{yy} \end{pmatrix}_{(\vec{e}_x, \vec{e}_y)} = \begin{pmatrix} \varepsilon & 0 \\ 0 & \varepsilon \end{pmatrix}_{(\vec{e}_x, \vec{e}_y)}. \tag{II.12}$$

b   Traction uniaxiale (sans contraction transverse)

En prenant le coin en haut à gauche de l'image comme origine de la base de coordonnées cartésiennes $(\vec{e}_x, \vec{e}_y)$, le déplacement suivant est appliqué à chaque point $\vec{X}(x, y)$ de l'image de référence :

$$\vec{u}_x = \varepsilon x \vec{e}_x \quad \text{et} \quad \vec{u}_y = \vec{0}, \tag{II.13}$$

ce qui permet de définir un tenseur de déformations :

$$\varepsilon = \begin{pmatrix} \varepsilon_{xx} & \varepsilon_{xy} \\ \varepsilon_{xy} & \varepsilon_{yy} \end{pmatrix}_{\left(\overrightarrow{e}_x, \overrightarrow{e}_y \right)} = \begin{pmatrix} \varepsilon & 0 \\ 0 & 0 \end{pmatrix}_{\left(\overrightarrow{e}_x, \overrightarrow{e}_y \right)} . \tag{II.14}$$

c Cisaillement

De manière similaire, en prenant le coin en haut à gauche de l'image comme origine de la base de coordonnées cartésiennes $\left(\overrightarrow{e}_x, \overrightarrow{e}_y \right)$, l'application d'un déplacement :

$$\overrightarrow{u}_x = \varepsilon y \overrightarrow{e}_x \quad \text{et} \quad \overrightarrow{u}_y = \overrightarrow{0}, \tag{II.15}$$

au point $\overrightarrow{X}(x, y)$ de l'image de référence permet de définir un tenseur de déformation :

$$\varepsilon = \begin{pmatrix} \varepsilon_{xx} & \varepsilon_{xy} \\ \varepsilon_{xy} & \varepsilon_{yy} \end{pmatrix}_{\left(\overrightarrow{e}_x, \overrightarrow{e}_y \right)} = \begin{pmatrix} 0 & \varepsilon/2 \\ \varepsilon/2 & 0 \end{pmatrix}_{\left(\overrightarrow{e}_x, \overrightarrow{e}_y \right)} . \tag{II.16}$$

Pour chacun des 3 types de déformation, la variation de ε de 0 à 10^{-2} par incrément de 5.10^{-4} est réalisée. Le calcul CIN des champs de déplacements est d'abord effectué aux points d'un maillage régulier avec un pas de 20 x 20 pixels. La taille de ZC est de 91 x 91 pixels. Les champs de déformation correspondants sont ensuite calculés en testant différentes façons de construire les zones approximées (ZA) de déplacement : différentes valeurs de p et d sont utilisées, $p = [2, 4, 6]$ points et $d = [1, 2, 3]$. Les cas $p = [2, 4, 6]$ points correspondent respectivement à des ZA ayant une taille de 81 x 81, 161 x 161 et 241 x 241 pixels. Les trois figures présentées ci-après présentent la variation de l'erreur quadratique moyenne S_{dp}, de l'erreur systématique $\bar{e}_{dp}$ et de l'erreur aléatoire $\hat{e}_{dp}$ en fonction de l'amplitude de la déformation imposée ε, pour les différents types de déformation : déformation hydrostatique plane, FIGURE II.13 ; traction uniaxiale (sans contraction transverse), FIGURE II.14 ; et cisaillement simple, FIGURE II.15. Quel que soit le type de déformation, les constatations sont les suivantes :

– l'erreur systématique moyenne, qui est de l'ordre de 10^{-4}, est faible devant l'erreur aléatoire moyenne : $\bar{e} \ll \hat{e}$. La principale contribution à l'erreur quadratique moyenne est donc l'erreur aléatoire. Les figures II.14 et II.15 se limitent donc à tracer l'erreur quadratique moyenne,

– S augmente linéairement avec la déformation imposée,

– un plus grand degré de la fonction polynômiale d'approximation accentue également S. Pour de tels champs de déformations uniformes, une fonction d'approximation d'ordre 1 s'avère être la plus adaptée, une fonction d'ordre supérieur peut générer des fluctuations indésirables du champ de déplacement,

– une plus grande taille de la zone d'approximation (i.e une plus grande valeur de p) atténue S, l'effet de lissage apparaît. Ce lissage, satisfaisant dans le cas de déformations homogènes, peut s'avérer préjudiciable pour des champs hétérogènes.

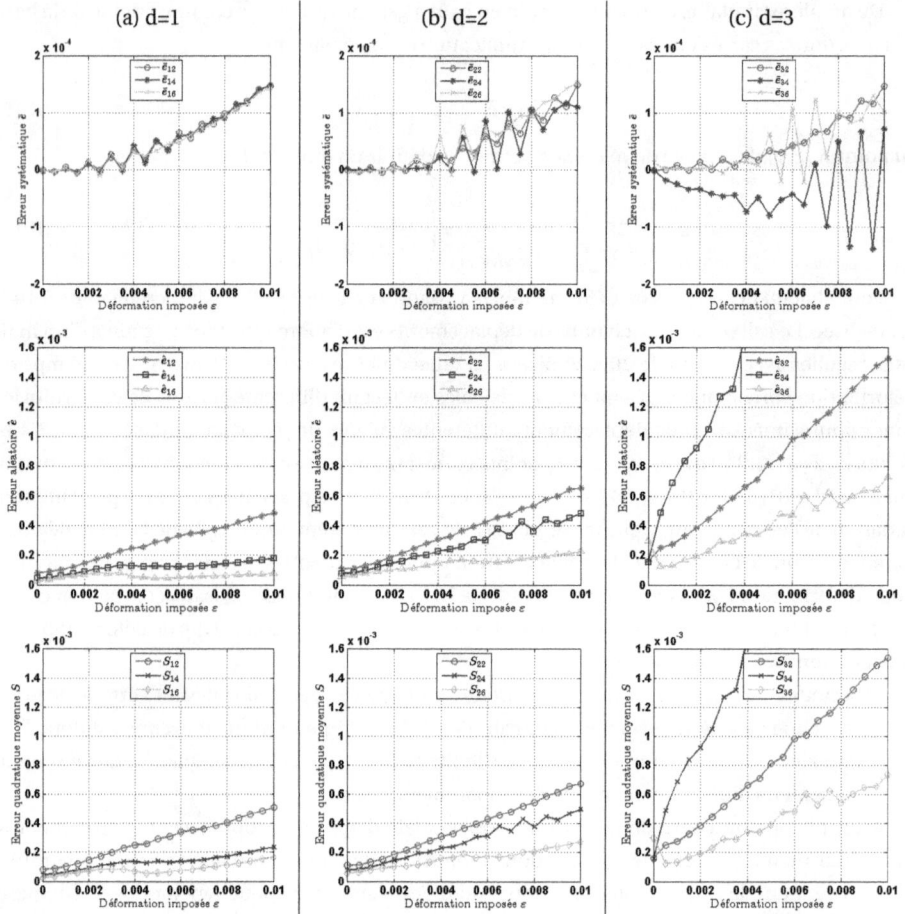

FIGURE II.13 – *Erreurs $\bar{e}_{dp}, \hat{e}_{dp}$ et S_{dp} des déformations hydrostatiques planes obtenues en utilisant les différents paramètres p et d dans la construction de la ZA : (a) d=1 , (b) d=2 , (c) d=3*

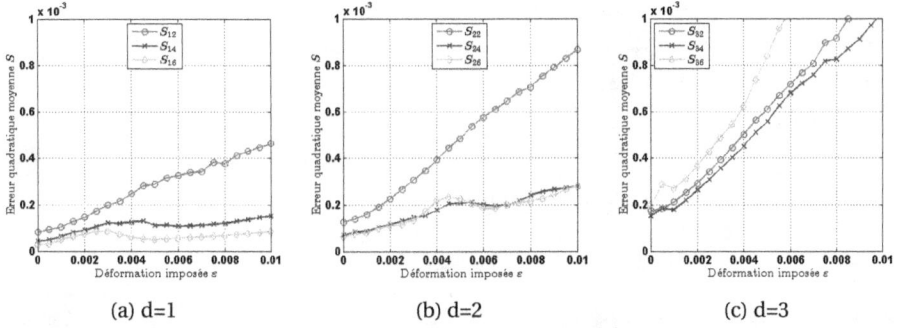

(a) d=1   (b) d=2   (c) d=3

FIGURE II.14 – *Erreur quadratique moyenne S_{dp} des déformations obtenues lors d'une traction uniaxiale (sans contraction transverse) en utilisant les différents paramètres p et d dans la construction de la ZA*

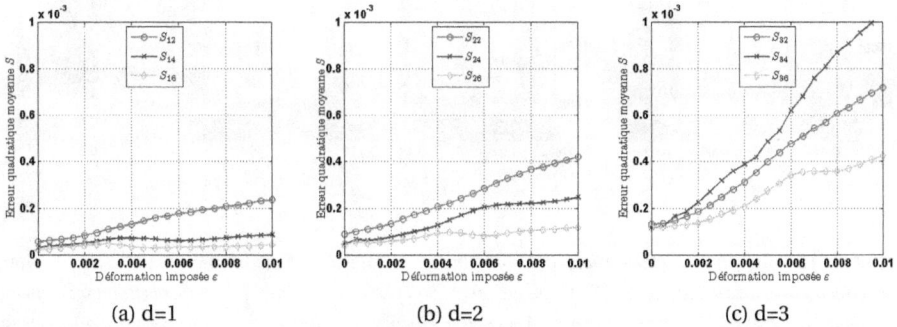

(a) d=1   (b) d=2   (c) d=3

FIGURE II.15 – *Erreur quadratique moyenne S_{dp} des déformations obtenues lors d'un cisaillement en utilisant les différents paramètres p et d dans la construction de la ZA*

2.5 Performances de la CIN pour des déformations « numériques » sinusoïdales

Dans ce paragraphe, l'influence des paramètres p et d pour des champs de déformations hétérogènes de Green-Lagrange est étudiée. Afin de créer des champs de déformations hétérogènes, un déplacement suivant $\vec{e}_x$ sinusoïdal, de période λ, est appliqué à chaque point de l'image présentée sur la FIGURE II.9-b :

$$\vec{u}_x = \frac{\lambda \varepsilon}{2\pi} . \sin\left(\frac{2\pi}{\lambda} x\right) \vec{e}_x . \tag{II.17}$$

Le champ de déformations peut être déterminé analytiquement par dérivation :

$$\varepsilon_{xx} = \varepsilon . \cos\left(\frac{2\pi}{\lambda} x\right) , \tag{II.18}$$

c'est à dire une déformation ε_{xx} sinusoïdale, de période λ et d'amplitude ε. Différentes valeurs des paramètres ε et λ sont considérées :

- $\varepsilon = [5.10^{-3}, 10^{-2}, 1, 5.10^{-2}, 2.10^{-2}]$,
- $\lambda = [50, 100, 250, 500, 1000, 2000]$ pixels. Rappelons que l'image utilisée est de taille 2000 x 2000 pixels, pour une taille réelle de 480 x 480 μm^2. Les longueurs d'onde choisies sont donc de 12, 24, 60, 120, 240 et 480 μm respectivement.

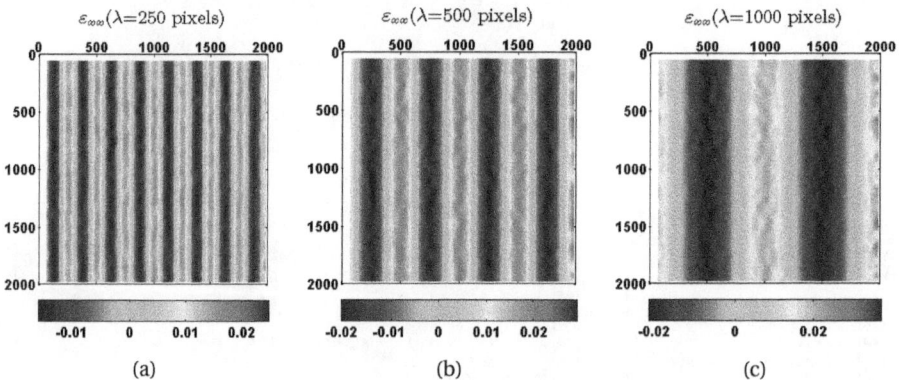

FIGURE II.16 – *Champ de déformations ε_{xx} pour une amplitude de déformation $\varepsilon = 2.10^{-2}$, les périodes λ respectivement égales à 250 pixels (a), 500 pixels (b) et 1000 pixels (c). Le calcul de déformation est ici effectué en prenant $d = 2$ et $p = 4$, à savoir qu'une ZA de déplacements de taille 81 x 81 pixels est construite par une fonction approximé d'ordre 2*

Les différentes valeurs de ε et λ permettent de générer des images déformées avec différents niveaux de déformation. Un calcul de déplacement est effectué par CIN par comparaison de l'image déformée avec l'image de référence. Le maillage CIN est obtenu avec un pas de 10 x 10 pixels, la ZC est de 91 x 91 pixels. Un maillage plus fin que précédemment est choisi pour tenir compte de l'hétérogénéité des champs à traiter, particulièrement pour les petites valeurs de λ. La construction des ZA est ensuite réalisée en prenant respectivement $d = [1, 2, 3]$ et $p = [2, 4]$, c'est à dire que des ZA de taille 41 x 41 et 81 x 81 pixels sont construites en utilisant des fonctions polynomiales d'approximation d'ordre 1, 2 et 3. Les champs de déformations ε_{xx} calculés par CIN sont ensuite comparés aux champs de déformations imposés (Eq. II.18) en calculant l'erreur quadratique moyenne $S_{dp}(\varepsilon_{xx})$. Les résultats sont présentés sur la FIGURE II.17-a en fonction de la période λ et pour une amplitude de la déformation imposée $\varepsilon = 2\%$. Il s'avère que les erreurs quadratiques moyennes sont maximales pour la plus petite longueur d'onde, c'est à dire pour le champ de déformation présentant le plus fort gradient. Au delà de λ=500 pixels, ou 120 µm, les erreurs ne varient plus. Sur la FIGURE II.17-b sont présentées les erreurs quadratiques moyennes calculées pour λ=250 pixels, ou 60 µm, en fonction de l'amplitude de la déformation sinusoïdale imposée. L'erreur augmente linéairement avec l'amplitude de la déformation imposée. Les meilleures performances sont obtenues pour des paramètres de la ZA $(d, p) = (1, 2)$, $(2, 2)$ et $(3, 2)$.

Le choix des paramètres de la CIN doit prendre en compte la taille des hétérogénéités du matériau et l'échelle à laquelle se produisent les déformations locales. Il s'avère ainsi qu'une petite taille de la ZA est préférable pour une meilleure résolution de la mesure des forts gradients de déformations. Afin de réduire la taille des ZA, un petit pas du maillage pour le calcul CIN des champs de déplacements sera nécessaire.

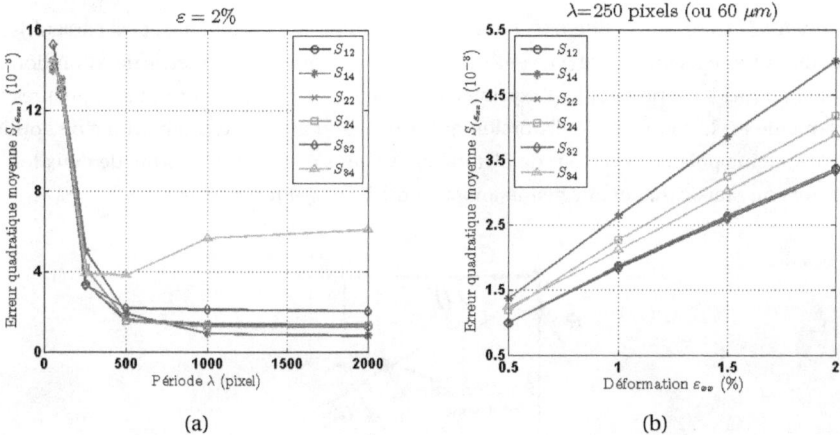

(a)   (b)

FIGURE II.17 – *Erreurs quadratiques moyennes S_{dp} des déformations sinusoïdales obtenues en utilisant les différents paramètres d et p dans la construction de la ZA : (a) pour $\varepsilon = 2\%$, (b) pour $\lambda \sim 60$µm (250 pixels)*

3 Correction des distorsions optiques

Dans les paragraphes précédents, l'influence des différents paramètres du calcul de corrélation d'images numériques sur les performances de cette technique a été examinée. En travaillant sur des images déformées numériquement, les conditions de calcul CIN permettant de minimiser les erreurs ont été déterminées. Pour des images déformées réelles, acquises lors d'une sollicitation mécanique, d'autres erreurs sont susceptibles d'être introduites par le dispositif de prise d'images. Les principales sources d'erreurs dues aux aberrations optiques d'une part, aux effets de défocalisation d'autre part sont évaluées.

Les aberrations optiques sont un ensemble de phénomènes qui font qu'une image créée par un système optique n'est pas conforme à la réalité. Parmi celles-ci, l'aberration géométrique est un défaut optique de l'objectif qui donne une courbure des lignes droites du sujet photographié. Ce type de distorsion provoque une déformation de la géométrie de l'image, non perceptible à l'œil nu, mais qui introduit des erreurs dans la mesure des cartes de déplacements et donc de déformations par CIN-2D. Une autre source qui peut fausser les résultats de corrélation d'image est le défaut de parallélisme de la surface visée de l'éprouvette vis-à-vis de l'objectif de la caméra.

3.1   Modélisation des distorsions géométriques

Dans le système des coordonnées cartésiennes $\left(\vec{e}_x, \vec{e}_y\right)$, l'expression des points $\vec{X}_d(x_d, y_d)$ d'une image distordue est construite en ajoutant des vecteurs de distorsion $\vec{\Delta}$ aux points $\vec{X}(x, y)$ correspondant de l'image parfaite [98] :

$$\vec{X}_d = \vec{X} + \vec{\Delta}\left(\alpha_x, \alpha_y\right) . \tag{II.19}$$

$\vec{\Delta}$ représente la somme des différents types de contribution à la distorsion, et est caractérisé par ses composantes élémentaires $\alpha_x(x, y)$ et $\alpha_y(x, y)$. Compte tenu de la symétrie de résolution d'un système optique, il est préférable d'exprimer $\vec{\Delta}$ dans un système de coordonnées polaires (r, θ) dont l'origine est le centre $\vec{X}_0$ de distorsion qui correspond au centre géométrique de l'optique. Dans ce système polaire, le vecteur de distorsion $\vec{\Delta}$ peut s'écrire sous la forme de deux termes : une distorsion radiale α_{rad} et une distorsion tangentielle α_{tan}, FIGURE II.18 [103].

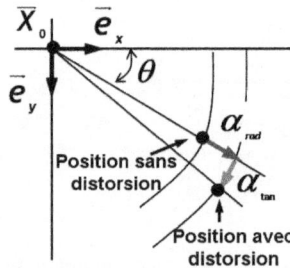

FIGURE II.18 – *Distorsion radiale et tangentielle*

Les relations entre les composantes élémentaires de distorsion $\{\alpha_x, \alpha_y\}$ et $\{\alpha_{rad}, \alpha_{tan}\}$ sont données par :

$$\begin{bmatrix} \alpha_x(x, y) \\ \alpha_y(x, y) \end{bmatrix} = \begin{bmatrix} \cos\theta & -\sin\theta \\ \sin\theta & \cos\theta \end{bmatrix} \begin{bmatrix} \alpha_{rad}(r, \theta) \\ \alpha_{tan}(r, \theta) \end{bmatrix} . \tag{II.20}$$

Du fait que la fonction de distorsion est souvent inconnue et ne peut pas être obtenue par calcul analytique, des approximations polynomiales sont souvent utilisées pour la caractériser. Trois types d'aberration géométrique sont le plus souvent cités dans la littérature : aberration sphérique, distorsion de décentrage et distorsion prismatique [23, 31] :

- **L'aberration sphérique :**

Elle est due à des défauts de courbure des lentilles constituant l'optique. Elle incurve ainsi les lignes droites du sujet vers l'extérieur (distorsion barillet) ou vers l'intérieur (distorsion en coussinet), FIGURE II.19.

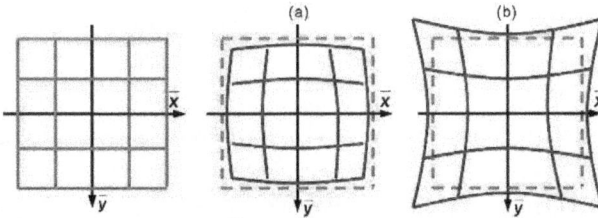

FIGURE II.19 – *Image avec une distorsion de type barillet (a) et de type coussinet (b)*

La distorsion introduite par l'aberration sphérique a pour expression :

$$\begin{aligned}
\alpha_{rad}(r,\theta) &= \sum_{i=1}^{\infty} k_i r^{2i+1} = k_1 r^3 + k_2 r^5 + k_3 r^7 + \dots \\
\alpha_{tan}(r,\theta) &= 0
\end{aligned} \tag{II.21}$$

ce qui s'écrit en coordonnées cartésiennes :

$$\begin{aligned}
\alpha_x(x,y) &= x \sum_{i=1}^{\infty} k_i \left(x^2 + y^2\right)^i \\
\alpha_y(x,y) &= y \sum_{i=1}^{\infty} k_i \left(x^2 + y^2\right)^i
\end{aligned} \tag{II.22}$$

- **La distorsion de décentrage :**

Elle est due à des défauts d'alignement des centres optiques des lentilles. Le fait de mal choisir le centre X_0 pour le changement de repère introduit également une composante de distorsion de ce type [84]. Elle a pour expression :

$$\begin{aligned}
\alpha_{rad}(r,\theta) &= 3\sin(\theta-\theta_0) \sum_{i=1}^{\infty} s_i r^{2i} = 3\sin(\theta-\theta_0)\left(s_1 r^2 + s_2 r^4 + s_3 r^6 + \dots\right) \\
\alpha_{tan}(r,\theta) &= \cos(\theta-\theta_0) \sum_{i=1}^{\infty} s_i r^{2i} = \cos(\theta-\theta_0)\left(s_1 r^2 + s_2 r^4 + s_3 r^6 + \dots\right)
\end{aligned} \tag{II.23}$$

ce qui s'écrit en coordonnées cartésiennes :

$$\begin{aligned}
\alpha_x(x,y) &= \left(2xy\cos\theta_0 - \left(3x^2 + y^2\right)\sin\theta_0\right) \sum_{i=1}^{\infty} s_i \left(x^2 + y^2\right)^{i-1} \\
\alpha_y(x,y) &= \left(-2xy\sin\theta_0 + \left(x^2 + 3y^2\right)\cos\theta_0\right) \sum_{i=1}^{\infty} s_i \left(x^2 + y^2\right)^{i-1}
\end{aligned} \tag{II.24}$$

- **La distorsion prismatique :**

Elle est due à des défauts d'inclinaison des lentilles les unes par rapport aux autres. Elle a pour expression :

$$\begin{aligned}
\alpha_{rad}(r,\theta) &= \sin(\theta - \theta_1)\sum_{i=1}^{\infty} t_i r^{2i} = \sin(\theta - \theta_1)\left(t_1 r^2 + t_2 r^4 + t_3 r^6 + \ldots\right) \\
\alpha_{tan}(r,\theta) &= \cos(\theta - \theta_1)\sum_{i=1}^{\infty} t_i r^{2i} = \cos(\theta - \theta_1)\left(t_1 r^2 + t_2 r^4 + t_3 r^6 + \ldots\right)
\end{aligned} \tag{II.25}$$

ce qui s'écrit en coordonnées cartésiennes :

$$\begin{aligned}
\alpha_x(x,y) &= -\sin\theta_1 \sum_{i=1}^{\infty} t_i\left(x^2 + y^2\right)^{i-1} \\
\alpha_y(x,y) &= \cos\theta_1 \sum_{i=1}^{\infty} t_i\left(x^2 + y^2\right)^{i-1}
\end{aligned} \tag{II.26}$$

Ainsi, en négligeant les termes de degré supérieur à 3, la distorsion totale $\{\alpha_x, \alpha_y\}$ s'écrit :

$$\begin{aligned}
\alpha_x(x,y) &= k_1 x\left(x^2 + y^2\right) + p_1\left(3x^2 + y^2\right) + 2p_2 xy + q_1\left(x^2 + y^2\right) \\
\alpha_y(x,y) &= k_1 y\left(x^2 + y^2\right) + p_1 xy + p_2\left(x^2 + 3y^2\right) + q_2\left(x^2 + y^2\right)
\end{aligned} \tag{II.27}$$

avec $p_1 = -s_1\sin\theta_0$, $p_2 = s_1\cos\theta_0$, $q_1 = -t_1\sin\theta_1$ et $q_2 = t_1\cos\theta_1$.

3.2 Correction de la distorsion radiale

Dans l'étude considérée, la contribution à la distorsion optique qui domine largement s'avère être l'aberration sphérique, celle-ci ne contribue qu'à la distorsion radiale. La valeur significative des équations d'aberration sphérique (Eq. II.21) et (Eq. II.22) est spécialement dominée par les premiers termes. Un degré plus élevé des coefficients accentue l'instabilité numérique [104, 91, 97]. En ne prenant en compte que les premiers termes, les équations II.19 et II.27 permettent d'exprimer la relation entre $\vec{X}$ et $\vec{X}_d$ en coordonnées cartésiennes et en coordonnées polaires :

$$\left\{ \begin{aligned} x_d &= x + k_1 x\left(x^2 + y^2\right) \\ y_d &= y + k_1 y\left(x^2 + y^2\right) \end{aligned} \right. \quad \text{ou} \quad r_d = r\left(1 + k_1 r^2\right). \tag{II.28}$$

Pour ramener les points déformés $\vec{X}_d$ à leur positions originales $\vec{X}$, r doit être écrit en fonction de r_d, à savoir les calculs inverses des fonctions polynômiales. Dans la littérature, certaines méthodes proposées permettent de faire ces calculs inverses, les grandeurs de r obtenues peuvent être les valeurs estimées [28, 41] ou analytiques [60]. Dans l'étude considérée, du fait que la distorsion radiale causée par l'objectif est très faible, l'estimation de Fitzgibbon [28] est choisie pour sa précision satisfaisante et sa simplicité, avec un seul coefficient de distorsion. Elle a pour expression :

$$r = \frac{r_d}{1 + k_1 r_d^2}. \tag{II.29}$$

Le problème revient donc à identifier le coefficient de distorsion k_1 propre du système optique pour corriger l'image distordue par l'équation II.29. Une méthode basée sur l'effet de la distorsion lors de mesures du champ de déplacements uniformes de solide rigide a été conçue [92]. Elle utilise deux images réelles translatées l'une par rapport à l'autre. La translation est appliquée sur l'image (b) de la FIGURE II.9. Pour imposer physiquement ce déplacement, le système de position-nement de l'objectif est utilisé en translatant l'objectif de quelques micromètre à l'aide d'une des platines de translation micrométrique. Le champ de déplacements imposé est théoriquement uni-forme, mais la mesure CIN-2D détermine un champ de déplacements hétérogènes dû à la distor-sion optique (voir champs $\vec{\delta}$ dans la FIGURE II.21). Afin de corriger la distorsion des deux images, la valeur k_1 doit permettre d'amener le champ de déplacements hétérogènes à un champ le plus uniforme possible, c'est à dire présentant un écart-type minimum. En supposant que la distorsion est purement radiale et que le centre de distorsion $\vec{X}_0$ est un invariant de la transformation, l'effet de la distorsion sur la mesure CIN-2D d'une translation est illustré par la FIGURE II.20.

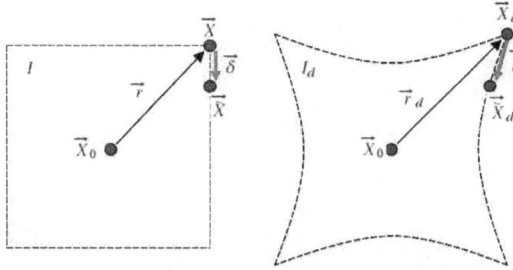

FIGURE II.20 – *Gauche : image originale I. Droite : image distordue* I_d

A cause de la distorsion, les points $\vec{X}$ de I sont déplacés par rapport à leur position originale et se trouvent en $\vec{X}_d$ de I_d :

$$\begin{aligned}
\vec{X} &= \vec{X}_0 + \vec{r} \\
\vec{X}_d &= \vec{X}_0 + \vec{r}_d = \vec{X}_0 + \vec{r} + \vec{\Delta}(\vec{r}) = \vec{X} + \vec{\Delta}(\vec{r})
\end{aligned} \tag{II.30}$$

où $\vec{\Delta}(\vec{r})$ modélise ici une transformation radiale des points $\vec{X}$ vers des points $\vec{X}_d$. En faisant un mouvement de solide rigide $\vec{\delta}$, des déplacements $\vec{X}(I) \rightarrow \vec{\tilde{X}}(\tilde{I})$ et $\vec{X}_d(I_d) \rightarrow \vec{\tilde{X}}_d(\tilde{I}_d)$ sont réalisés. De façon similaire, $\vec{\tilde{X}}_d$ a pour expression :

$$\vec{\tilde{X}}_d = \vec{\tilde{X}} + \vec{\Delta}\left(\vec{r} + \vec{\delta}\right). \tag{II.31}$$

Par conséquent, le champ de déplacements $\vec{\tilde{\delta}}$, à savoir la mesure CIN réelle, est exprimé par :

$$\vec{\tilde{\delta}} = \vec{\tilde{X}}_d - \vec{X}_d = \vec{\delta} + \vec{\Delta}\left(\vec{r} + \vec{\delta}\right) - \vec{\Delta}(\vec{r}). \tag{II.32}$$

La correction de distorsion revient ainsi à minimiser la différence $\vec{\Delta}\left(\vec{r} + \vec{\delta}\right) - \vec{\Delta}(\vec{r})$ pour pou-voir approcher le champ de déplacements distordu hétérogène $\vec{\tilde{\delta}}$ du champ original uniforme $\vec{\delta}$. Pour ce faire, un code d'optimisation développé au LMGC est utilisé. Il calcule une image N_d à par-tir de l'image I_d en appliquant numériquement la translation uniforme $\vec{\delta}$. L'image N_d est ensuite soumise à une distorsion de forme polynomiale (Eq. II.28) avec un coefficient k_1 quelconque. No-tons $\vec{\delta}'$ le champ de déplacements distordu entre N_d et I_d. En faisant varier le coefficient k_1 ainsi que la position du centre de distorsion dans un certain intervalle, le code d'optimisation permet d'identifier la valeur optimale de k_1 et le centre de distorsion par minimisation de la différence entre $\vec{\tilde{\delta}}$ et $\vec{\tilde{\delta}}'$. Cette minimisation est réalisée par la méthode Quasi-Newton BFGS, qui est une méthode de descente de gradient dont la Hessienne est approchée [59].

a Translations imposées

Afin d'appliquer le code d'optimisation pour déterminer le coefficient k_1 et le centre de distorsion propre de l'optique utilisée, la connaissance de la valeur de la translation imposée $\vec{\delta}$ est nécessaire. La translation imposée ne peut pas être connue au pixel près. La moyenne des déplacements distordus $\left\langle \vec{\tilde{\delta}} \right\rangle$, écart sous-pixel par rapport à la translation imposée, est donc utilisée comme donnée d'entrée.

b Coefficient de distorsion k_1 optimisé de l'optique utilisée

La FIGURE II.21 illustre un exemple du calcul d'optimisation lorsque des translations $\delta_x \sim 57$ pixels et $\delta_y \sim 44$ pixels sont respectivement imposées suivant les directions $\vec{x}$ et $\vec{y}$. Les figures de la 1ère ligne présentent les champs de déplacements distordus modélisés $\vec{\tilde{\delta}}'$ associés au coefficient k_1 optimisé, avec un centre de distorsion au centre de l'image. Les figures de la 2ème ligne donnent les champs de déplacements distordus mesurés par CIN $\vec{\tilde{\delta}}$, et celles de la 3ème ligne sont les différences entre $\vec{\tilde{\delta}}'$ et $\vec{\tilde{\delta}}$. Il s'avère que pour une translation $\delta_x \sim 57$ pixels (resp. $\delta_y \sim 44$ pixels), les résidus entre les deux champs $\vec{\tilde{\delta}}'$ et $\vec{\tilde{\delta}}$ sont de l'ordre de 0,1 pixels. Les champs de déplacements calculés $\vec{\delta}$ entre les deux images dans lesquelles les distorsions ont été corrigées sont présentés sur la 4ème ligne. Il subsiste sur ces tels champs le bruit résultant du calcul CIN et une légère dérive qui peut être due à une composante de distorsion prismatique non corrigée. L'écart maximum par rapport à la moyenne, i.e par rapport au déplacement imposé, n'excède pas 0,1 pixel. Cela signifie que la précision des mesures de déplacements après correction de distorsion sera de l'ordre de $1/10^{\text{e}}$ de pixel.

Afin de vérifier la précision du coefficient de distorsion k_1 déterminé par le code d'optimisation, les erreurs quadratiques moyennes des champs cinématiques CIN corrigés sont calculées en imposant différentes translations $\delta_x \sim 57$ ou 96 pixels et $\delta_y \sim 44$ ou 85 pixels. La vérification de la valeur k_1 trouvée permet de voir si les images sont correctement corrigées. Sur la FIGURE II.22 est présentée l'évolution des erreurs quadratiques moyennes des déplacements $S(\delta)$ et des déformations de Green-Lagrange $S(\varepsilon)$ en fonction des différents coefficients de distorsion k_1. Ces derniers varient entre 0 (image distordue) et -5.10^{-9} pixel^{-2}, $k_1 = -2,55.10^{-9}$ pixel^{-2} étant la valeur optimisée. La FIGURE II.22 montre bien que la valeur k_1 optimisée permet de minimiser les erreurs quadratiques moyennes $S(\delta)$ et $S(\varepsilon)$. Cette minimisation est caractérisée par des erreurs quadratiques moyennes en déplacement $S(\delta)$, qui passe de 0,25% du déplacement imposé δ avant correction à 0,05% après correction. L'atténuation d'un facteur d'environ 5 pour $S(\delta)$ et d'environ 2 pour $S(\varepsilon)$ après correction se confirme. Il s'avère qu'un déplacement imposé plus élevé accentue les erreurs sur les grandeurs mesurées par CIN. Une étude complémentaire permet de constater que le coefficient de distorsion est invariant en fonction de grandissement de l'optique. Les er-

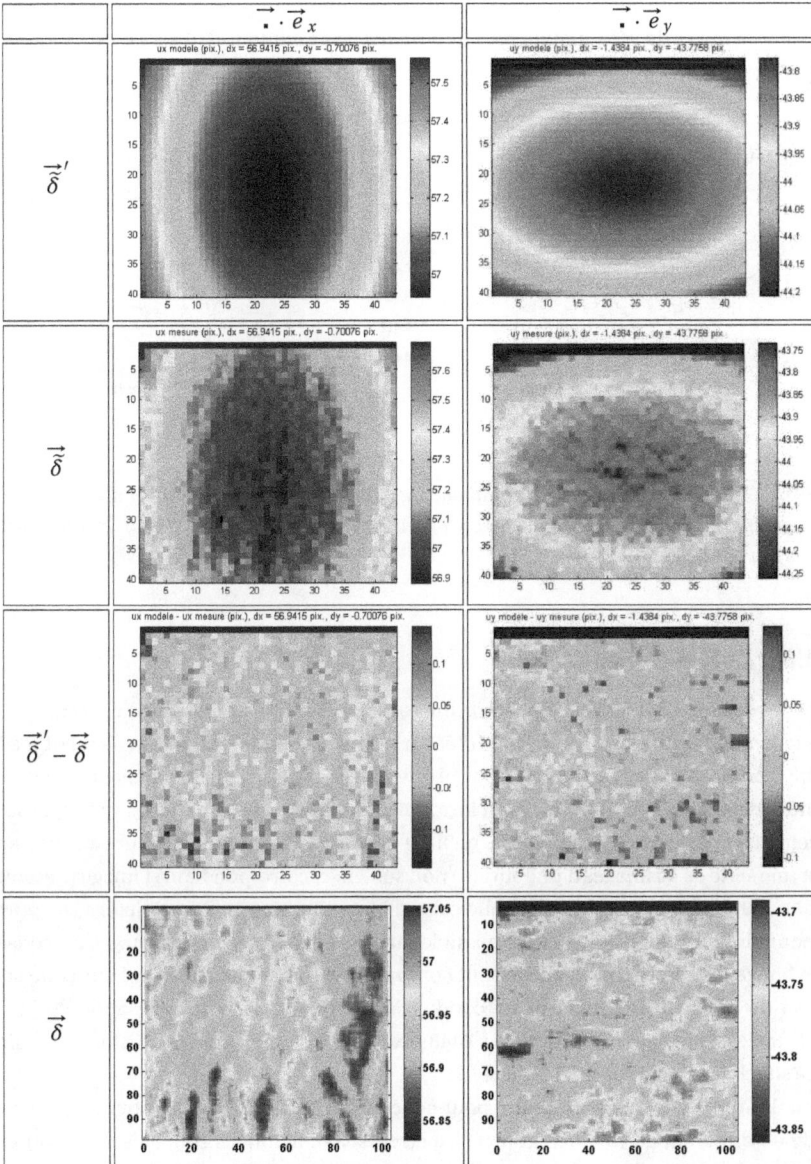

FIGURE II.21 – *Procédure d'identification le coefficient de distorsion k_1 en minimisant la différence entre le champ de déplacements modélisé $\vec{\tilde{\delta}}'$ et le champ de déplacements distordus réels $\vec{\tilde{\delta}}$. Les translations considérées sont $\delta_x \sim 57$ pixels (gauche) et $\delta_x \sim 44$ pixels (droite)*

reurs moyennes quadratiques des déformations après correction de la distorsion présentent une amplitude de l'ordre de quelques 10^{-4} (pour des translations simples). Cela-ci fournit un ordre de grandeur de la limite de déformation mesurable dans les conditions d'observation.

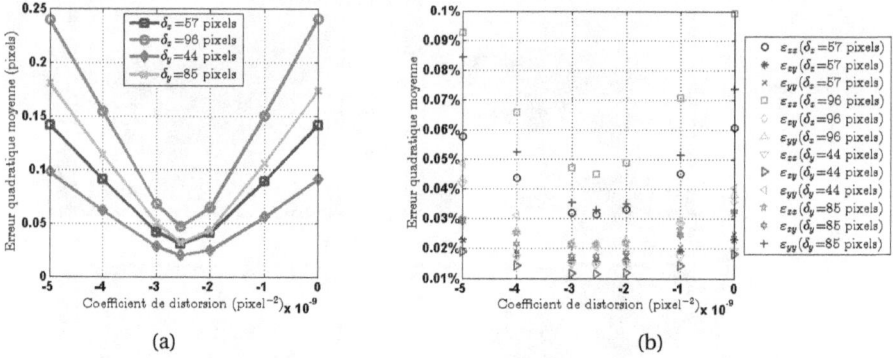

(a)   (b)

FIGURE II.22 – *Évolution des erreurs quadratiques moyennes des déplacements (a) et des déformations de Green-Lagrange (b) en fonction des différents coefficients de distorsion k_1 pour différents mouvements de solide rigide suivant $\overrightarrow{e}_x$ et $\overrightarrow{e}_y$*

3.3 Effet de la focalisation

Lors des essais mécaniques par palier, le microscope est déplacé en translation à chaque palier afin de recentrer la zone visée sur la zone d'étude. La mise au point est éventuellement réajustée. La légère modification de la distance de travail qui peut en résulter peut introduit une modification du grandissement de l'optique. Cela peut introduire des défauts systématiques sur les mesures de déplacement et de déformation par CIN, qu'il est nécessaire de quantifier. Pour cela, une analyse CIN sur une série de 40 images d'une surface non sollicitée, correspondant à l'image présentée sur la FIGURE II.9-a, est réalisée. Entre chaque prise d'image, le microscope est défocalisé, puis refocalisé pour obtenir la meilleure netteté possible (jugée à l'œil). L'une de ces images est considérée comme image de référence, à laquelle sont comparées les 39 autres par CIN. Pour cette surface, le respect du critère SSSIG $\geq 10^5$ pixel^2 conduit à utiliser une zone de corrélation de 111 x 111 pixel^2 (la taille des images étant de 2050 x 2448 pixels, ou 494 x 590 μm^2). La distorsion radiale est corrigée sur chaque image avant le calcul CIN.

Sur la FIGURE II.23 sont présentées, pour chacun des 39 calculs CIN et pour chaque composante de déformation de Green-Lagrange, les erreurs systématiques $\bar{e}(\varepsilon)$, aléatoires $\hat{e}(\varepsilon)$ et quadratiques moyennes $S(\varepsilon)$. Une erreur systématique très proche de zéro est constatée. Cela signifie que la défocalisation / refocalisation n'introduit pas de biais dans la mesure de déformation. En effet, une refocalisation imparfaite introduirait une petite variation de grandissement et se traduirait par une déformation parasite de type isostatique, en traction ou en compression selon le cas. Reste l'erreur aléatoire, imputable aux différentes sources de bruit (bruit électronique des images, etc.), qui représente la contribution principale à l'erreur quadratique moyenne. Les résultats ob-

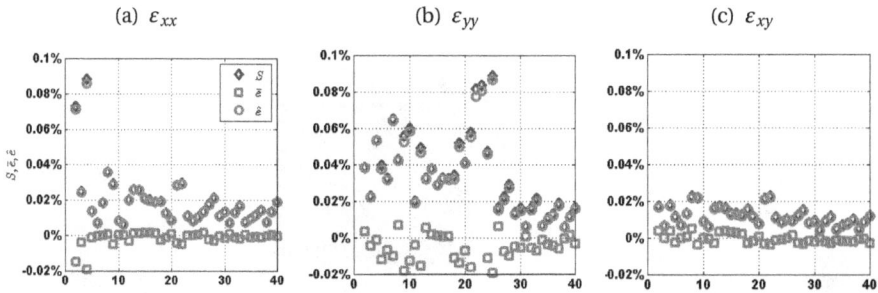

(a) ε_{xx} (b) ε_{yy} (c) ε_{xy}

FIGURE II.23 – *Évolution de l'erreur quadratique moyenne, de l'erreur systématique et de l'erreur aléatoire des déformations ε_{xx} (a), ε_{yy} (b) et ε_{xy} (c) pour 39 calculs CIN*

tenus montrent que dans les conditions d'acquisition et avec les paramètres de calcul CIN utilisés ici, cette erreur est inférieure à 0,1%. En d'autre terme, cela signifie que lors des essais mécaniques réels, toute mesure de déformation supérieure à 0,1% peut être considérée comme déformation effective.

3.4   Tests sur essai de compression d'anneau

Afin de tester la performance du dispositif de CIN microscopique lors de mesures de déformation dans une situation réelle, un essai de compression d'anneau a été mis en œuvre. Cet essai est réalisé avec un anneau de gaine Zy-4 SRA de diamètre extérieur 9.52 mm, d'épaisseur 0.57 mm et de longueur 10 mm. Le module d'Young et le coefficient de Poisson du matériau sont respectivement 98 GPa et 0.325 [76]. Un tel essai est intéressant car la préparation de l'échantillon est rapide. L'essai est d'une part simple à mettre en œuvre et d'autre part génère de forts gradients de déformation, notamment dans la région équatoriale de l'anneau, où la peau externe du tube est en traction tandis que la zone interne se trouve en compression, FIGURE II.24. Les essais de compression sont réalisés par paliers de déplacement de la traverse de 50 μm, avec une vitesse de déplacement de 25 μm/s. Une image de la région équatoriale est prise à chaque palier.

Les champs de déformations de Green-Lagrange obtenus par corrélation d'images sont comparés aux champs de déformations calculés par simulation 3D aux éléments finis (ABAQUS®). Dans la simulation, en se plaçant dans le domaine élastique, le contact entre la traverse, qui est modélisée comme un solide rigide, et l'anneau est défini sans frottement au cours de la compression. L'anneau est maillé par des éléments cubiques à 8 nœuds avec une interpolation de type linéaire. Un maillage raffiné avec 20 éléments suivant l'épaisseur de l'anneau a été réalisé, ce qui permet de mieux différencier les niveaux de déformations et de limiter les erreurs de calcul par éléments finis. La FIGURE II.25 présente les champs de déformations ε_{yy} de la zone équatoriale pour un déplacement de la traverse de 0,1 mm : (a) champ de déformations calculé par CIN, (b) champ de déformations modélisé par ABAQUS®.

L'accord expérience/calcul est satisfaisant du point de vue de la répartition globale et de l'intensité des déformations. Les différentes lignes d'isovaleurs de déformation suivant l'épaisseur de

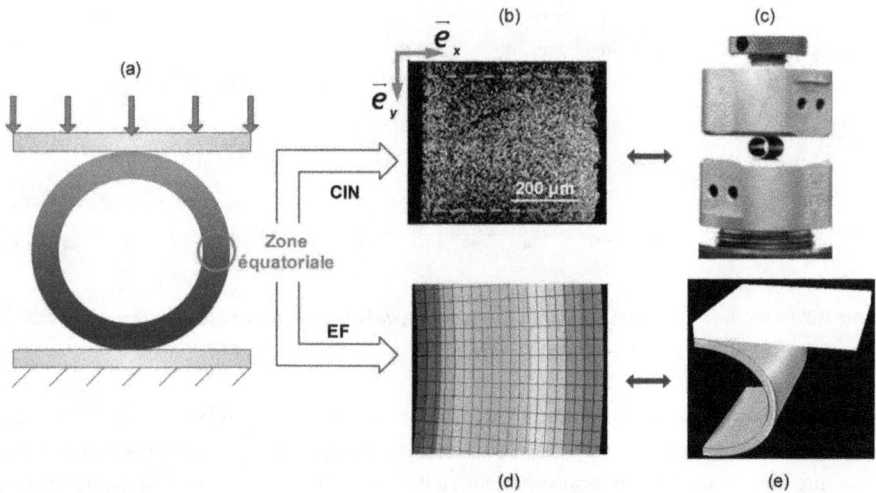

Figure II.24 – *Essai d'écrasement d'anneau : (a) schéma de l'essai (vue en coupe suivant l'axe de l'anneau) et surface observée de la zone équatoriale, (b) image réelle (mouchetis créé par l'attaque chimique), (c) photo du dispositif, (d) zone équatoriale modélisée par ABAQUS®, (e) champ de déformations de Green-Lagrange $\varepsilon_{yy}^{ABAQUS}$ pour un déplacement de la traverse de 1 mm*

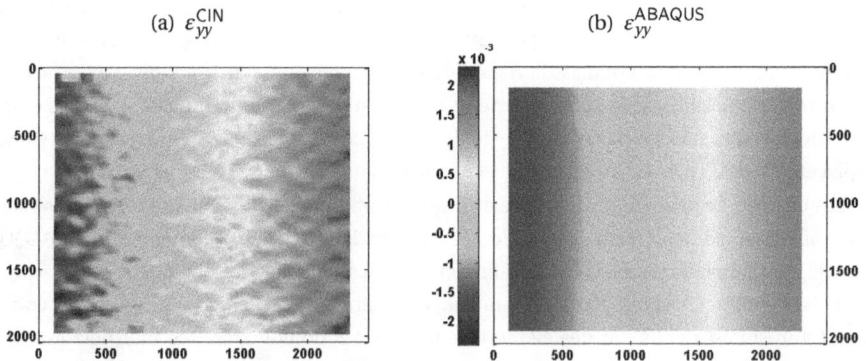

Figure II.25 – *Champs d'isovaleurs de la composante ε_{yy} de déformation de Green-Lagrange pour un écrasement et l'anneau de 100 µm (soit $\triangle\phi/\phi \approx 1\%$), déterminées expérimentalement sur la zone d'étude délimitée en pointillés oranges (520 x 430 µm²) sur la Figure II.24 par CIN (a), et par calcul aux éléments finis (b). L'échelle de couleur est la même pour les deux figures*

l'anneau sont bien reproduites. Les parties extérieures de l'anneau subissent une déformation positive, ou une traction, tandis que celles intérieures subissent une déformation négative, ou une compression. Pour affiner la comparaison, la différence entre le champ CIN et le champ ABAQUS est étudiée en calculant la moyenne quadratique sur le résidu :

$$S = \sqrt{\frac{\sum \left(\varepsilon_{yy}^{CIN} - \varepsilon_{yy}^{ABAQUS}\right)^2}{N}}, \qquad (\text{II.33})$$

où N est le nombre de pixels du champ de déformations CIN. Deux essais de compression d'anneau ont été réalisés. Sur la FIGURE II.26 sont présentées pour chacun des deux essais les valeurs S obtenues en fonction du déplacement de la traverse. Il s'avère que l'écart moyen entre la mesure CIN et le calcul ABAQUS varie sensiblement d'un essai à l'autre, et qu'il augmente avec l'amplitude de la déformation. Deux sources d'erreur peuvent être à l'origine de ces résultats :

- la zone visée par le microscope n'est pas exactement centrée sur l'équateur, ce qui peut expliquer la différence entre les deux essais,
- dans un essai de compression d'anneau, la surface définie par la tranche de l'anneau présente des déformations hors plan qui perturbent la mesure CIN [16]. Cette source d'erreur domine probablement pour de fortes déformations, où les résultats des deux essais se rejoignent.

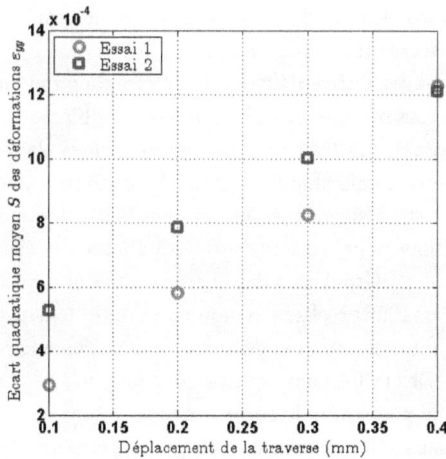

FIGURE II.26 – *Écart quadratique moyen de deux séries des déformations ε_{yy} mesurées par CIN et celles modélisées en fonction du déplacement de la traverse*

Conclusion

Dans ce chapitre, la technique expérimentale mise en œuvre pour la réalisation d'essais mécanique avec mesure de champs cinématiques à une échelle microscopique a été décrite et qualifiée. L'association d'un objectif de microscope à longue distance de travail avec une caméra CCD à haute résolution a permis d'obtenir des images de la surface d'une éprouvette en cours de sollicitation, avec une résolution qui est de l'ordre du µm. Préalablement aux essais mécaniques, une préparation de la surface observée des éprouvettes a été mise au point afin de rendre la surface observable en microscopie optique en réflexion et de générer une source de contraste compatible avec la mise en œuvre d'un algorithme de corrélation d'images numériques à deux dimensions (CIN-2D). Cette préparation comprend des étapes de polissage métallographique, puis une attaque chimique spécifique pour la création d'un mouchetis adapté à l'échelle d'observation.

Les calculs de corrélation d'images pour la détermination des champs cinématique ont été réalisés avec le logiciel Kelkins, du LMGC de Montpellier. En réalisant des tests d'autocorrélation sur différentes images de surfaces préparées par attaque chimique, les paramètres optimums à utiliser pour les calculs ont été déterminés. Ce travail a permis en particulier de définir le choix d'une dimension de zone de corrélation adaptée aux motifs créés par l'attaque chimique.

La CIN-2D pour les conditions d'imagerie utilisées a ensuite été qualifiée en générant des transformations numériques des images :

– Dans un premier temps, des translations sub-pixel ont été testées pour évaluer la précision des mesures de déplacements,

– Dans un deuxième temps, différents types de déformation ont été générés, pour déterminer les performances des mesures de déformation dans différentes situations : au départ sur des déformations homogènes (déformation hydrostatiques planes, traction uniaxiale sans compression transverse, cisaillement), puis sur des champs à gradient de déformation (sinusoïdaux). Ces tests sur déformations numériques ont notamment permis de déterminer les meilleures conditions pour le calcul des déformations par dérivation, qui dans le logiciel Kelkins est basé sur une interpolation locale des mesures de déplacement.

Dans le cas de transformations réelles (i.e. non numériques), la distorsion des images introduites par le système optique d'observation peut contribuer à dégrader sensiblement les mesures de déplacement par imagerie et CIN. La principale contribution à cette distorsion des images est l'aberration sphérique. Une procédure de correction, basée sur une prise d'image après simple translation de l'objet (i.e. sans déformation) a été proposée. Elle permet de gagner un facteur 5 sur la précision des mesures de déplacement.

Des tests ont finalement été conduits sur des sollicitations mécaniques réelles, qui ont permis de qualifier l'ensemble de la chaine de mesure. L'essai de compression d'anneau a été choisi car il est simple à mettre en œuvre et permet de générer localement, à l'équateur de l'anneau un champ de déformation fortement hétérogène.

Chapitre III

Méthodes d'homogénéisation inverses et

incertitudes

Sommaire

Introduction

Dans la littérature, plusieurs méthodes permettent de déterminer des propriétés mécaniques par phase dans les milieux hétérogènes. Les plus connues sont les techniques de mesure locale (nanoindentation [66], mesure acoustique [75], mesure ultrasonore [14], etc.) ou les techniques d'identification inverse (le recalage par éléments finis [56, 81], l'écart à l'équilibre [21], la méthode des champs virtuels [36], etc.). Dans ce chapitre, on s'intéresse aux techniques d'identification inverse. Les méthodes d'homogénéisation inverse (MHI) proposées considèrent un matériau biphasé matrice/inclusions, dont la propriété mécanique d'une phase est connue et l'autre est inconnue. A partir de champs cinématiques mesurés et de la connaissance de distribution des phases, les méthodes MHI permettent d'identifier des propriétés mécaniques de la phase inconnue.

Ce chapitre présente tout d'abord la construction des différentes méthodes d'homogénéisation inverse suivant des différentes distributions et propriétés des inclusions. A la fin de chaque méthode, l'incertitude des propriétés mécaniques par phase estimées est examinée à partir de champs cinématiques simulés par un calcul aux éléments finis avec le logiciel CAST3M (www-cast3m.cea.fr).

Au lieu d'utiliser des données simulées, la 2ème partie de ce chapitre utilise des champs cinématiques expérimentaux pour examiner l'incertitude des MHI. Ces données expérimentales sont obtenues à partir d'essais de traction uniaxiale exécutés sur des éprouvettes modèles Zy-4 RXA percées par des micro-trous cylindriques. Le diamètre d'environ 90 µm des micro-trous est de l'ordre des inclusions $\alpha(O)$ de l'éprouvette Zy-4 oxydée. Dans cette 2ème partie, le double objectif est d'examiner :

1. la précision de la mesure de champ cinématique à l'échelle micrométrique,

2. l'incertitude des propriétés mécaniques par phase dans les milieux hétérogènes estimées par méthodes d'homogénéisation inverse.

1 Méthodes d'homogénéisation inverses - Qualification des incertitudes "numériques"

Dans ce qui suit, la construction des méthodes d'homogénéisation inverse se restreint au cas d'un comportement élastique linéaire du matériau. Dans cette étude, les matériaux biphasés, dont la phase dominante et connectée joue le rôle de matrice et les autres jouent le rôle des inclusions, sont étudiés. C'est la raison pour laquelle le modèle proposé par Mori-Tanaka (cf. paragraphe I.3.3) est choisi parmi les modèles d'homogénéisation pour cette construction. Trois méthodes inverses sont proposées :

- la méthode N°1 est développée dans le cas des inclusions élastiques tandis que les deux autres (N°2 et N°3) sont développées pour des matériaux poreux,
- les deux méthodes N°1 et N°2 sont basées sur le modèle d'homogénéisation de Mori-Tanaka qui tient compte de la distribution des phases, tandis que la N°3 ne la prend pas en compte.

1.1 Distribution des phases

La distribution et l'interaction des phases jouent un rôle important dans la caractérisation des milieux hétérogènes du modèle de Mori-Tanaka. Dans ce 1er paragraphe, suivant les différents types de distribution des phases (homogène surfacique ou homogène spatiale), les expressions du tenseur d'Eshelby $\mathbb{S}^{Esh}$, du tenseur de Hill $\mathbb{P}$, des tenseurs d'élasticité par phase $\mathbb{C}_r$ et du tenseur d'influence $\mathbb{C}^*$ sont respectivement définies.

a   Distribution spatiale homogène (3D isotrope)

Soit un matériau constitué de deux phases élastiques linéaires isotropes et caractérisées par des tenseurs des modules d'élasticité $\mathbb{C}_r = \{3k_r, 2\mu_r\}$, avec $r = 1$ pour la matrice et $r = 2$ pour l'inclusion. Des inclusions de faible fraction volumique sont réparties de façon homogène spatiale dans la matrice. L'étude d'un tel matériau peut se réduire à l'étude du cas d'une inclusion sphérique noyée dans la matrice. Les tenseurs d'élasticité par phase $\mathbb{C}_r$ sont définis par les modules de compressibilité et de cisaillement par phase (k_r, μ_r), ou de manière équivalente, par les modules de Young et les coefficients de Poisson par phase (E_r, v_r). Les relations entre ces modules sont données par [58] :

$$
\begin{aligned}
k_r &= \frac{E_r}{3(1-2v_r)} \quad \text{et} \quad \mu_r = \frac{E_r}{2(1+v_r)}, \\
E_r &= \frac{9k_r\mu_r}{3k_r+\mu_r} \quad \text{et} \quad v_r = \frac{3k_r-2\mu_r}{2(3k_r+\mu_r)}.
\end{aligned}
\tag{III.1}
$$

Les tenseurs d'élasticité par phase $\mathbb{C}_r$ sont des tenseurs d'ordre quatre isotropes symétriques. Dans la base d'isotrope $(\mathbb{J}, \mathbb{K})$ (cf. annexe B), ils ont pour expression [12] :

$$
\mathbb{C}_r = 3k_r\mathbb{J} + 2\mu_r\mathbb{K} \quad \text{avec} \quad \mathbb{J} = \frac{1}{3}\boldsymbol{i} \otimes \boldsymbol{i} \quad \text{et} \quad \mathbb{K} = \mathbb{I} - \mathbb{J}.
\tag{III.2}
$$

Dans un tel milieu, le tenseur d'Eshelby $\mathbb{S}^{Esh}$ est également isotrope et peut s'écrire sous la forme d'une composition de $\mathbb{J}$ et $\mathbb{K}$ [12, 63] :

$$\mathbb{S}^{\mathrm{Esh}} = \frac{3k_1}{3k_1 + 4\mu_1}\mathbb{J} + \frac{6}{5}\frac{k_1 + 2\mu_1}{3k_1 + 4\mu_1}\mathbb{K} = \frac{1 + \nu_1}{3(1 - \nu_1)}\mathbb{J} + \frac{2}{15}\frac{4 - 5\nu_1}{1 - \nu_1}\mathbb{K} \, . \tag{III.3}$$

En utilisant les équations (Eq. I.35) et (Eq. I.47), le tenseur de Hill $\mathbb{P}_1$ et le tenseur d'influence $\mathbb{C}^*$ s'écrivent :

$$\mathbb{P}_1 \;=\; \mathbb{S}^{\mathrm{Esh}} : (\mathbb{C}_1)^{-1} = \frac{1}{3k_1 + 4\mu_1}\mathbb{J} + \frac{3}{5\mu_1}\frac{k_1 + 2\mu_1}{3k_1 + 4\mu_1}\mathbb{K} \, , \tag{III.4}$$

$$\mathbb{C}^* \;=\; (\mathbb{P}_1)^{-1} - \mathbb{C}_1 = 4\mu_1\,\mathbb{J} + \frac{\mu_1}{3}\frac{9k_1 + 8\mu_1}{k_1 + 2\mu_1}\mathbb{K} = 3k^*\,\mathbb{J} + 2\mu^*\,\mathbb{K} \, , \tag{III.5}$$

avec $k^* = \dfrac{4}{3}\mu_1$ et $\mu^* = \dfrac{\mu_1}{6}\dfrac{9k_1 + 8\mu_1}{k_1 + 2\mu_1}$.

b   Distribution surfacique homogène (3D isotrope transverse)

Le même matériau est considéré, toutefois, les inclusions sont maintenant réparties de façon homogène surfacique dans la matrice. L'étude d'un tel milieu peut se réduire à l'étude d'une inclusion cylindrique de section circulaire et de longueur infinie noyée dans la matrice. Dans une base de comportement isotrope transverse $\left(\mathbb{E}_L, \mathbb{J}_T, \mathbb{F}, {}^{\mathsf{T}}\mathbb{F}, \mathbb{K}_T, \mathbb{K}_L\right)$ (cf. annexe B), l'expression du tenseur d'élasticité par phase $\mathbb{C}_i$ s'écrit [11] :

$$\mathbb{C}_r = \left(k_r + \frac{4\mu_r}{3}\right)\mathbb{E}_L + 2\left(k_r + \frac{\mu_r}{3}\right)\mathbb{J}_T + \sqrt{2}\left(k_r - \frac{2\mu_r}{3}\right)\left({}^{\mathsf{T}}\mathbb{F} + \mathbb{F}\right) + 2\mu_r\,(\mathbb{K}_T + \mathbb{K}_L) \, , \tag{III.6}$$

avec

$$\mathbb{E}_L = \vec{n} \otimes \vec{n} \otimes \vec{n} \otimes \vec{n} \, , \quad \mathbb{J}_T = \frac{1}{2}\boldsymbol{i}_T \otimes \boldsymbol{i}_T \, , \quad \mathbb{F} = \frac{1}{\sqrt{2}}\vec{n} \otimes \vec{n} \otimes \boldsymbol{i}_T \, ,$$

$$\mathbb{K}_T = \mathbb{I}_T - \mathbb{J}_T \, , \quad \mathbb{K}_L = 2\left[\vec{n} \otimes \boldsymbol{i}_T \otimes \vec{n}\right]^{(S)} \, ,$$

où $\mathbb{X}^{(S)}$ désigne une double symétrisation du tenseur d'ordre quatre X_{ijkl} dont $X_{ijkl}^{(S)} = (X_{ijkl} + X_{jikl} + X_{ijlk} + X_{jilk})/4$, $\vec{n}$ est le vecteur unitaire parallèle à l'axe de révolution, $\boldsymbol{i}_T = \boldsymbol{i} - \vec{n} \otimes \vec{n}$ est le vecteur identité d'ordre deux et $\mathbb{I}_T = \boldsymbol{i}_T \overline{\otimes} \boldsymbol{i}_T$ est le tenseur identité d'ordre quatre dans le plan transverse.

Dans un tel cas d'inclusion cylindrique, le tenseur de Hill $\mathbb{P}_1$ et le tenseur d'influence $\mathbb{C}^*$ peuvent être approximés par les expressions restrictives suivantes [11, 12] :

$$\mathbb{P}_1 \;=\; \frac{1}{2\left(k_1 + \dfrac{4\mu_1}{3}\right)}\mathbb{J}_T + \frac{1}{4\mu_1}\frac{3k + 7\mu_1}{3k + 4\mu_1}\mathbb{K}_T + \frac{1}{4\mu_1}\mathbb{K}_L \, , \tag{III.7}$$

$$\mathbb{C}^* \;=\; (\mathbb{P}_1)^{-1} - \mathbb{C}_1$$

$$\;=\; 2\mu_1\,\mathbb{J}_T + 2\mu_1\frac{3k + \mu_1}{3k + 7\mu_1}\mathbb{K}_T + 2\mu_1\,\mathbb{K}_L - \left(k_1 + \frac{4\mu_1}{3}\right)\mathbb{E}_L - \sqrt{2}\left(k_1 - \frac{2\mu_1}{3}\right)\left({}^{\mathsf{T}}\mathbb{F} + \mathbb{F}\right) . \tag{III.8}$$

Les tenseurs $\mathbb{S}^{\mathrm{Esh}}$, $\mathbb{P}$, $\mathbb{C}_r$ et $\mathbb{C}^*$ suivant les deux types de distribution des phases ont été respectivement définis. Ces tenseurs sont les paramètres déterminants dans la construction des méthodes d'homogénéisation inverse N°1 et N°2 suivantes.

1.2 Méthode N°1 : inclusion élastique, approche de Mori-Tanaka

La méthode d'homogénéisation inverse N°1 permet d'identifier des propriétés mécaniques par phase d'un biphasé à inclusions élastiques ($k_2 > 0, \mu_2 > 0$) distribuées aléatoirement. Cette méthode vise à exprimer les propriétés mécaniques d'une phase en fonction des propriétés mécaniques de l'autre phase et des déformations à différentes échelles. En utilisant le modèle de Mori-Tanaka comme l'approche appropriée, les relations entre les déformations à différentes échelles sont définies par [12] :

$$\langle \varepsilon \rangle_1 \;=\; \mathbb{A}_1^{MT} : \mathbf{E} = \left[f_1 \mathbb{I} + f_2 (\mathbb{I} + \mathbb{P}_1 : (\mathbb{C}_2 - \mathbb{C}_1))^{-1} \right]^{-1} : \mathbf{E}, \tag{III.9}$$

$$\langle \varepsilon \rangle_2 \;=\; \mathbb{A}_2^{MT} : \mathbf{E} = \left[\mathbb{I} + f_1 \mathbb{P}_1 : (\mathbb{C}_2 - \mathbb{C}_1) \right]^{-1} : \mathbf{E}. \tag{III.10}$$

où $\mathbb{A}_r^{MT}$, avec $r \in [1,2]$, sont les tenseurs de localisation par phase, qui permet de relier les déformations moyennes par phase $\langle \varepsilon \rangle_r$ et la déformation macroscopique $\mathbf{E}$ (cf. paragraphe I.3). f_1 et f_2 sont respectivement les fractions volumiques de la matrice et des inclusions.

a Forme sphérique (3D isotrope)

Un matériau hétérogène ayant une seule inclusion sphérique noyée dans la matrice est tout d'abord étudié. Ce modèle est un cas réduit d'un matériau biphasé à distribution homogène spatiale des phases. En appliquant les expressions de $\mathbb{C}_r$ (Eq. III.2) et $\mathbb{P}_1$ (Eq. III.4) aux relations (Eq. III.9) et (Eq. III.10), les relations entre les déformations moyennes par phase et la déformation macroscopique peuvent être écrites comme :

$$\langle \varepsilon \rangle_1 \;=\; a_1 \mathbb{J} : \mathbf{E} + b_1 \mathbb{K} : \mathbf{E}, \tag{III.11}$$

$$\langle \varepsilon \rangle_2 \;=\; a_2 \mathbb{J} : \mathbf{E} + b_2 \mathbb{K} : \mathbf{E}, \tag{III.12}$$

où les paramètres a_1, b_1, a_2 et b_2 dépendent des propriétés mécaniques des deux phases :

$$
\begin{aligned}
a_1 &= \frac{4\mu_1 + 3k_2}{3f_2 k_1 + 4\mu_1 + 3(1 - f_2)k_2}, & b_1 &= \frac{\mu_1(9k_1 + 8\mu_1) + 6\mu_2(k_1 + 2\mu_1)}{\mu_1(9k_1 + 8\mu_1) + 6(k_1 + 2\mu_1)(\mu_2 + f_2(\mu_1 - \mu_2))}, \\
a_2 &= \frac{3k_1 + 4\mu_1}{3f_2 k_1 + 4\mu_1 + 3(1 - f_2)k_2}, & b_2 &= \frac{5\mu_1(3k_1 + 4\mu_1)}{5\mu_1(3k_1 + 4\mu_1) + 6(1 - f_2)(k_1 + \mu_1)(\mu_2 - \mu_1)}.
\end{aligned}
\tag{III.13}
$$

Un matériau biphasé constitué d'une inclusion sphérique dans la matrice présente un comportement isotrope. Selon un autre point de vue, ceci est similaire à un comportement axisymétrique suivant un axe radial quelconque de l'inclusion. En se plaçant dans la base de coordonnées cylindriques $(\vec{e_r}, \vec{e_\theta}, \vec{e_z})$, Figure III.1, le tenseur des déformations $\varepsilon(\vec{x})$ a pour expression :

$$
\varepsilon(\vec{x}) =
\begin{bmatrix}
\dfrac{\partial u_r}{\partial r} & \dfrac{1}{2}\left(\dfrac{1}{r}\dfrac{\partial u_r}{\partial \theta} + \dfrac{\partial u_\theta}{\partial r} - \dfrac{u_\theta}{r}\right) & \dfrac{1}{2}\left(\dfrac{\partial u_r}{\partial z} + \dfrac{\partial u_z}{\partial r}\right) \\
 & \dfrac{1}{r}\left(\dfrac{\partial u_\theta}{\partial \theta} + u_r\right) & \dfrac{1}{2}\dfrac{\partial u_\theta}{\partial z} + \dfrac{1}{r}\dfrac{\partial u_z}{\partial \theta} \\
\text{sym} & & \dfrac{\partial u_z}{\partial z}
\end{bmatrix}_{(r,\theta,z)}
=
\begin{bmatrix}
\varepsilon_{rr} & \varepsilon_{r\theta} & \varepsilon_{rz} \\
\varepsilon_{r\theta} & \varepsilon_{\theta\theta} & \varepsilon_{\theta z} \\
\varepsilon_{rz} & \varepsilon_{\theta z} & \varepsilon_{zz}
\end{bmatrix}_{(r,\theta,z)}
\tag{III.14}
$$

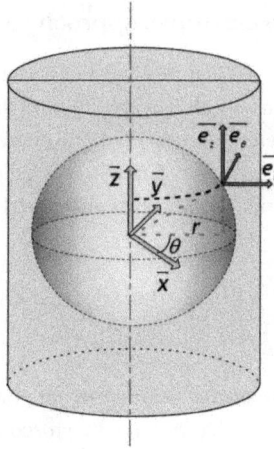

FIGURE III.1 – *La base des coordonnées cylindriques*

Si le matériau est soumis à un chargement simple en traction pure suivant la direction $\overrightarrow{z}$, l'étude des comportements d'un tel matériau se restreint au plan $(\overrightarrow{e_r}, \overrightarrow{e_z})$. Le tenseur des déformations $\boldsymbol{\varepsilon}(\overrightarrow{x})$ s'écrit :

$$
\boldsymbol{\varepsilon}(\overrightarrow{x}) = \left[\begin{array}{ccc} \dfrac{\partial u_r}{\partial r} & 0 & \dfrac{1}{2}\left(\dfrac{\partial u_r}{\partial z} + \dfrac{\partial u_z}{\partial r}\right) \\ 0 & \dfrac{u_r}{r} & 0 \\ \dfrac{1}{2}\left(\dfrac{\partial u_r}{\partial z} + \dfrac{\partial u_z}{\partial r}\right) & 0 & \dfrac{\partial u_z}{\partial z} \end{array} \right]_{(r,\theta,z)} = \left[\begin{array}{ccc} \varepsilon_{rr} & 0 & \varepsilon_{rz} \\ 0 & \varepsilon_{\theta\theta} & 0 \\ \varepsilon_{rz} & 0 & \varepsilon_{zz} \end{array} \right]_{(r,\theta,z)}. \tag{III.15}
$$

Afin d'établir les relations entre ces déformations à différentes échelles et les propriétés mécaniques par phase (k_r, μ_r), les relations des grandeurs tensorielles (Eq. III.11) et (Eq. III.12) doivent être transformées en celles plus simples des grandeurs scalaires. Deux normes de déformations sont proposées :

$$
N_{\mathbb{J}}(\boldsymbol{\varepsilon}) = \sqrt{3\boldsymbol{\varepsilon} : \mathbb{J} : \boldsymbol{\varepsilon}} = |\varepsilon_{rr} + \varepsilon_{zz} + \varepsilon_{\theta\theta}|, \tag{III.16}
$$

$$
N_{\mathbb{K}}(\boldsymbol{\varepsilon}) = \sqrt{3\boldsymbol{\varepsilon} : \mathbb{K} : \boldsymbol{\varepsilon}} = \sqrt{(\varepsilon_{rr} - \varepsilon_{zz})^2 + (\varepsilon_{rr} - \varepsilon_{\theta\theta})^2 + (\varepsilon_{zz} - \varepsilon_{\theta\theta})^2 + 6(\varepsilon_{rz})^2}, \tag{III.17}
$$

ce qui permet d'aboutir au système suivant :

$$
\left\{ \begin{array}{ccccccc} \dfrac{N_{\mathbb{J}}(\langle \boldsymbol{\varepsilon} \rangle_1)}{N_{\mathbb{J}}(\mathbf{E})} & = & \dfrac{\sqrt{\langle \boldsymbol{\varepsilon} \rangle_1 : \mathbb{J} : \langle \boldsymbol{\varepsilon} \rangle_1}}{\sqrt{\mathbf{E} : \mathbb{J} : \mathbf{E}}} & = & \dfrac{\sqrt{\langle a_1(\mathbb{J} : \mathbf{E}) \rangle : \mathbb{J} : \langle a_1(\mathbb{J} : \mathbf{E}) \rangle}}{\sqrt{\mathbf{E} : \mathbb{J} : \mathbf{E}}} & = & |a_1| \\[3mm] \dfrac{N_{\mathbb{K}}(\langle \boldsymbol{\varepsilon} \rangle_1)}{N_{\mathbb{K}}(\mathbf{E})} & = & \dfrac{\sqrt{\langle \boldsymbol{\varepsilon} \rangle_1 : \mathbb{K} : \langle \boldsymbol{\varepsilon} \rangle_1}}{\sqrt{\mathbf{E} : \mathbb{K} : \mathbf{E}}} & = & \dfrac{\sqrt{\langle b_1(\mathbb{K} : \mathbf{E}) \rangle : \mathbb{K} : \langle a_1(\mathbb{K} : \mathbf{E}) \rangle}}{\sqrt{\mathbf{E} : \mathbb{K} : \mathbf{E}}} & = & |b_1| \end{array} \right., \tag{III.18}
$$

d'où, en utilisant (Eq. III.13) :

$$\begin{cases} \dfrac{\left|\langle\varepsilon_{rr}\rangle_1 + \langle\varepsilon_{zz}\rangle_1 + \langle\varepsilon_{\theta\theta}\rangle_1\right|}{|E_{rr}+E_{zz}+E_{\theta\theta}|} = \dfrac{4\mu_1+3k_2}{3f_2k_1+4\mu_1+3\left(1-f_2\right)k_2} \\[4mm] \dfrac{\sqrt{\left(\langle\varepsilon_{rr}\rangle_1 - \langle\varepsilon_{zz}\rangle_1\right)^2 + \left(\langle\varepsilon_{rr}\rangle_1 - \langle\varepsilon_{\theta\theta}\rangle_1\right)^2 + \left(\langle\varepsilon_{zz}\rangle_1 - \langle\varepsilon_{\theta\theta}\rangle_1\right)^2 + 6(\langle\varepsilon_{rz}\rangle_1)^2}}{\sqrt{(E_{rr}-E_{zz})^2 + (E_{rr}-E_{\theta\theta})^2 + (E_{zz}-E_{\theta\theta})^2 + 6(E_{rz})^2}} = \\[2mm] \qquad\qquad\qquad\qquad \dfrac{\mu_1\left(9k_1+8\mu_1\right)+6\mu_2\left(k_1+2\mu_1\right)}{\mu_1\left(9k_1+8\mu_1\right)+6\left(k_1+2\mu_1\right)\left(\mu_2+f_2\left(\mu_1-\mu_2\right)\right)} \end{cases} \quad . \qquad (III.19)$$

De même, les expressions :

$$\frac{N_{\mathbb{J}}(\langle\boldsymbol{\varepsilon}\rangle_2)}{N_{\mathbb{J}}(\mathbf{E})} = |a_2| \quad\text{et}\quad \frac{N_{\mathbb{K}}(\langle\boldsymbol{\varepsilon}\rangle_2)}{N_{\mathbb{K}}(\mathbf{E})} = |b_2| , \qquad (III.20)$$

permettent de définir le système d'équations :

$$\begin{cases} \dfrac{\left|\langle\varepsilon_{rr}\rangle_2 + \langle\varepsilon_{zz}\rangle_2 + \langle\varepsilon_{\theta\theta}\rangle_2\right|}{|E_{rr}+E_{zz}+E_{\theta\theta}|} = \dfrac{\left(3k_1+4\mu_1\right)}{\left(3f_2k_1+4\mu_1+3\left(1-f_2\right)k_2\right)} \\[4mm] \dfrac{\sqrt{\left(\langle\varepsilon_{rr}\rangle_2 - \langle\varepsilon_{zz}\rangle_2\right)^2 + \left(\langle\varepsilon_{rr}\rangle_2 - \langle\varepsilon_{\theta\theta}\rangle_2\right)^2 + \left(\langle\varepsilon_{zz}\rangle_2 - \langle\varepsilon_{\theta\theta}\rangle_2\right)^2 + 6(\langle\varepsilon_{rz}\rangle_2)^2}}{\sqrt{(E_{rr}-E_{zz})^2 + (E_{rr}-E_{\theta\theta})^2 + (E_{zz}-E_{\theta\theta})^2 + 6(E_{rz})^2}} = \\[2mm] \qquad\qquad\qquad\qquad \dfrac{5\mu_1\left(3k_1+4\mu_1\right)}{5\mu_1\left(3k_1+4\mu_1\right)+6\left(1-f_2\right)\left(k_1+\mu_1\right)\left(\mu_2-\mu_1\right)} \end{cases} \quad . \qquad (III.21)$$

Les deux systèmes d'équations (Eq. III.19) et (Eq. III.21) sont équivalents. Les parties gauches de ces équations sont déterminées par des déformations mesurées à différentes échelles, alors que les parties droites sont relatives aux propriétés mécaniques des deux phases. Si les propriétés de la matrice (resp. inclusion) sont supposées connues, les inconnues sont les propriétés de l'inclusion (resp. matrice). Par conséquent, dans le cas du composite à inclusion élastique sphérique, les modules de compressibilité et de cisaillement de la phase inconnue sont déterminés comme la racine du système de deux équations (Eq. III.19) ou (Eq. III.21).

b Forme cylindrique (3D isotrope transverse)

Le cas du matériau à inclusion cylindrique est maintenant considéré. De manière similaire, en appliquant les expressions de $\mathbb{C}_r$ (Eq. III.6) et $\mathbb{P}_1$ (Eq. III.7) aux équations (Eq. III.9) et (Eq. III.10), les relations entre les déformations à différentes échelles ont pour expression :

$$\langle\boldsymbol{\varepsilon}\rangle_1 = \tilde{a}_1\mathbb{J}_T:\mathbf{E} + \tilde{b}_1\mathbb{K}_T:\mathbf{E} + \left(^{\mathsf{T}}\mathbb{F}+\mathbb{F}\right):\mathbf{E} , \qquad (III.22)$$

$$\langle\boldsymbol{\varepsilon}\rangle_2 = \tilde{a}_2\mathbb{J}_T:\mathbf{E} + \tilde{b}_2\mathbb{K}_T:\mathbf{E} + \left(^{\mathsf{T}}\mathbb{F}+\mathbb{F}\right):\mathbf{E} , \qquad (III.23)$$

avec

$$\begin{aligned} \tilde{a}_1 &= \frac{3\mu_1+3k_2+\mu_2}{3f_2k_1+\left(3+f_2\right)\mu_1+\left(1-f_2\right)\left(3k_2+\mu_2\right)} , \\[3mm] \tilde{b}_1 &= \frac{\mu_1\left(3k_1+\mu_1\right)+\mu_2\left(3k_1+7\mu_1\right)}{\mu_1\left(f_2\left(3k_1+7\mu_1\right)+3k_1+\mu_1\right)+\mu_2\left(1-f_2\right)\left(3k_1+7\mu_1\right)} , \\[3mm] \tilde{a}_2 &= \frac{3k_1+4\mu_1}{3f_2k_1+\left(3+f_2\right)\mu_1+\left(1-f_2\right)\left(3k_2+\mu_2\right)} , \\[3mm] \tilde{b}_2 &= \frac{2\mu_1\left(3k_1+4\mu_1\right)}{\mu_1\left(3\left(1+f_2\right)k_1+\left(1+7f_2\right)\mu_1\right)+\mu_2\left(1-f_2\right)\left(3k_1+7\mu_1\right)} . \end{aligned} \qquad (III.24)$$

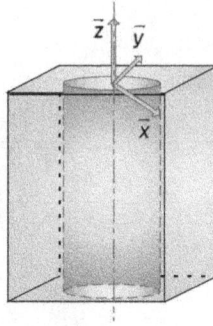

FIGURE III.2 – *La base des coordonnées cartésiennes*

Comme dans le cas de l'inclusion sphérique, les quatre coefficients $\tilde{a}_1, \tilde{b}_1, \tilde{a}_2$ et $\tilde{b}_2$ ci-dessus sont également fonction des propriétés mécaniques des deux phases. En se plaçant dans la base de coordonnées cartésiennes (x, y, z), FIGURE III.2, si le matériau à une inclusion cylindrique est soumis à une traction pure dans le plan $(\overrightarrow{x}, \overrightarrow{y})$ perpendiculaire à l'axe de révolution $\overrightarrow{z}$ de l'inclusion, le matériau présente un état des déformations planes dans le plan $(\overrightarrow{x}, \overrightarrow{y})$. L'étude des comportements d'un tel matériau est donc restreinte à la surface $(\overrightarrow{x}, \overrightarrow{y})$. Le tenseur des déformations $\boldsymbol{\varepsilon}(\overrightarrow{x})$ peut s'écrire sous la forme :

$$\boldsymbol{\varepsilon}(\overrightarrow{x}) = \begin{bmatrix} \varepsilon_{xx} & \varepsilon_{xy} & 0 \\ \varepsilon_{xy} & \varepsilon_{yy} & 0 \\ 0 & 0 & 0 \end{bmatrix}_{(x,y,z)} . \tag{III.25}$$

Dans ce cas, les deux normes de déformations :

$$N_{\mathbb{J}_T}(\boldsymbol{\varepsilon}) = \sqrt{2\boldsymbol{\varepsilon} : \mathbb{J}_T : \boldsymbol{\varepsilon}} = |\boldsymbol{\varepsilon}_{xx} + \boldsymbol{\varepsilon}_{yy}| , \tag{III.26}$$

$$N_{\mathbb{K}_T}(\boldsymbol{\varepsilon}) = \sqrt{2\boldsymbol{\varepsilon} : \mathbb{K}_T : \boldsymbol{\varepsilon}} = \sqrt{(\boldsymbol{\varepsilon}_{xx} - \boldsymbol{\varepsilon}_{yy})^2 + (2\boldsymbol{\varepsilon}_{xy})^2} , \tag{III.27}$$

conduisent aux systèmes suivants :

$$\begin{cases} \dfrac{N_{\mathbb{J}_T}(\langle\boldsymbol{\varepsilon}\rangle_1)}{N_{\mathbb{J}_T}(\mathbf{E})} = |\tilde{a}_1| \\ \dfrac{N_{\mathbb{K}_T}(\langle\boldsymbol{\varepsilon}\rangle_1)}{N_{\mathbb{K}_T}(\mathbf{E})} = |\tilde{b}_1| \end{cases} \text{ et } \begin{cases} \dfrac{N_{\mathbb{J}_T}(\langle\boldsymbol{\varepsilon}\rangle_2)}{N_{\mathbb{J}_T}(\mathbf{E})} = |\tilde{a}_2| \\ \dfrac{N_{\mathbb{K}_T}(\langle\boldsymbol{\varepsilon}\rangle_2)}{N_{\mathbb{K}_T}(\mathbf{E})} = |\tilde{b}_2| \end{cases} . \tag{III.28}$$

De manière analogue, les propriétés mécaniques de la phase inconnue sont identifiées comme la racine des systèmes à deux équations (Eq. III.29) ou (Eq. III.30) :

$$\begin{cases} \dfrac{|\langle\varepsilon_{xx}\rangle_1 + \langle\varepsilon_{yy}\rangle_1|}{|\mathrm{E}_{xx} + \mathrm{E}_{yy}|} = \dfrac{3\mu_1 + 3k_2 + \mu_2}{3f_2 k_1 + (3+f_2)\mu_1 + (1-f_2)(3k_2 + \mu_2)} \\[4mm] \dfrac{\sqrt{(\langle\varepsilon_{xx}\rangle_1 - \langle\varepsilon_{yy}\rangle_1)^2 + (2\langle\varepsilon_{xy}\rangle_1)^2}}{\sqrt{(\mathrm{E}_{xx} - \mathrm{E}_{yy})^2 + (2\mathrm{E}_{xy})^2}} = \dfrac{\mu_1(3k_1 + \mu_1) + \mu_2(3k_1 + 7\mu_1)}{\mu_1(f_2(3k_1 + 7\mu_1) + 3k_1 + \mu_1) + \mu_2(1-f_2)(3k_1 + 7\mu_1)} \end{cases} , \tag{III.29}$$

ou

$$
\left\{
\begin{array}{ccc}
\dfrac{\left|\langle \varepsilon_{xx}\rangle_2 + \langle \varepsilon_{yy}\rangle_2\right|}{\left|E_{xx} + E_{yy}\right|} & = & \dfrac{3k_1 + 4\mu_1}{3f_2 k_1 + \left(3 + f_2\right)\mu_1 + \left(1 - f_2\right)\left(3k_2 + \mu_2\right)} \\[4mm]
\dfrac{\sqrt{\left(\langle \varepsilon_{xx}\rangle_2 - \langle \varepsilon_{yy}\rangle_2\right)^2 + \left(2\langle \varepsilon_{xy}\rangle_2\right)^2}}{\sqrt{\left(E_{xx} - E_{yy}\right)^2 + \left(2E_{xy}\right)^2}} & = & \dfrac{2\mu_1\left(3k_1 + 4\mu_1\right)}{\mu_1\left(3\left(1 + f_2\right)k_1 + \left(1 + 7f_2\right)\mu_1\right) + \mu_2\left(1 - f_2\right)\left(3k_1 + 7\mu_1\right)}
\end{array}
\right. .
$$

$$\text{(III.30)}$$

c Qualification des incertitudes par simulation numérique (CAST3M)

Les incertitudes des propriétés mécaniques par phase identifiées par la MHI N°1 sont maintenant examinées à partir de données simulées par un code d'éléments finis. Le logiciel CAST3M, développée par Commissariat à l'Énergie Atomique et aux Énergies Alternatives (CEA), est utilisé pour réaliser ces simulations. L'utilisation des données simulées ont deux intérêts principaux :

– les grandeurs mécaniques mesurées sont sans bruit,
– la faible fraction volumique de l'inclusion est bien définie afin de respecter le problème d'Eshelby.

Des matériaux à inclusion élastique isotrope homogène (sphérique ou cylindrique) noyée dans la matrice également isotrope homogène sont simulés. Ces matériaux subissent des sollicitations de type traction uniaxiale au bord. Pour des raisons de symétrie, l'étude d'un objet en 3D est transformée en une étude en 2D : l'étude d'un composite à inclusion sphérique (3D isotrope) se réduit à une simulation « axisymétrique » d'un quart de la cellule élémentaire, FIGURE III.3-b ; la situation est la même dans le cas de l'inclusion cylindrique (3D isotrope transverse), mais le calcul est réalisé en « déformations planes », FIGURE III.3-d.

L'une des hypothèses du problème d'Eshelby à respecter est l'homogénéité des déformations dans l'inclusion. Ce respect peut être caractérisé par un critère, noté c_v, basé sur l'écart-type relatif des déformations $\varepsilon_2(\overrightarrow{x})$ dans l'inclusion :

$$
c_v(\varepsilon_2) = \frac{S_r(\varepsilon_2)}{\langle \varepsilon \rangle_2} = \frac{\sqrt{\dfrac{1}{|V_2|}\displaystyle\int_{V_2} \left(\varepsilon_2 - \langle \varepsilon \rangle_2\right)^2 \mathrm{d}V_2}}{\langle \varepsilon \rangle_2} = \frac{\sqrt{\dfrac{1}{|V_2|}\displaystyle\int_{V_2}\left(\varepsilon_2 - \dfrac{1}{|V_2|}\displaystyle\int_{V_2}\varepsilon_2\,\mathrm{d}V_2\right)^2 \mathrm{d}V_2}}{\dfrac{1}{|V_2|}\displaystyle\int_{V_2}\varepsilon_2\,\mathrm{d}V_2}, \tag{III.31}
$$

où ε_2 et $\langle \varepsilon \rangle_2$ sont respectivement les déformations élémentaire et moyenne de l'inclusion suivant un axe quelconque. Si c_v est faible, la déformation dans l'inclusion est considérée comme homogène, sinon, elle est hétérogène.

Par la suite, les incertitudes des propriétés mécaniques par phase identifiées par la MHI N°1 sont respectivement qualifiées sur deux paramètres : 1/ fraction volumique f_2 de l'inclusion, 2/ contraste mécanique k_2/k_1 entre les deux phases.

Fraction volumique de l'inclusion

Le contraste mécanique des deux phases k_2/k_1 est ici arbitrairement fixé à 5. Les propriétés mécaniques des deux phases (k_i, μ_i), avec $i \in [1, 2]$, utilisés dans les simulations sont définis dans la

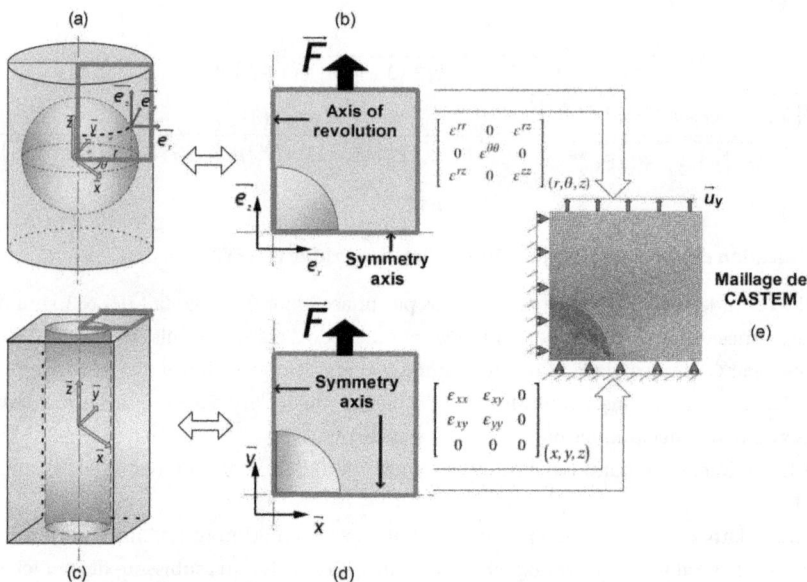

FIGURE III.3 – *Simulation 2D par éléments finis des composites à inclusion sphérique et cylindrique soumis à un essai de traction uniaxiale*

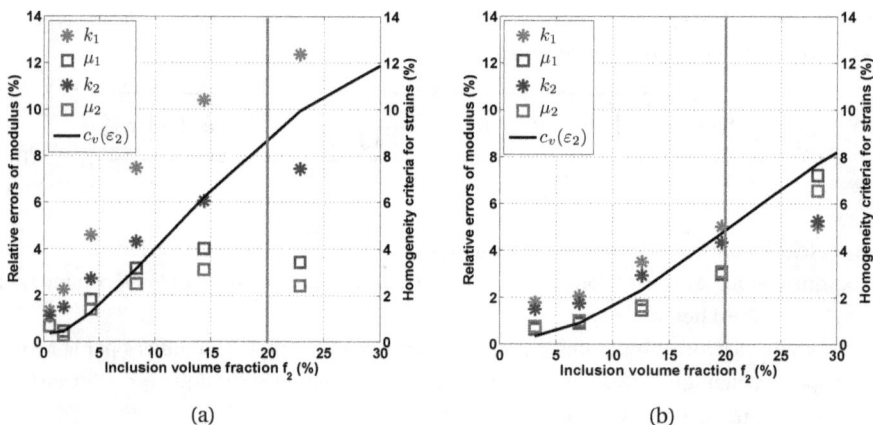

FIGURE III.4 – *Erreurs relatives des modules de compressibilité et de cisaillement estimés par la méthode d'homogénéisation inverse N°1 en fonction de la fraction volumique de l'inclusion : composite à inclusion élastique sphérique (a) et cylindrique (b)*

TABLE III.1. Pour qualifier la précision de la MHI N°1, les propriétés mécaniques de l'une des deux phases sont supposées inconnues. A partir de déformations à différentes échelles mesurées, les propriétés de la phase inconnue sont calculées. Par exemple, en utilisant l'équation (III.19) (resp. équation (III.29)) pour un composite à inclusion sphérique (resp. cylindrique), il est possible de calculer, pour différentes valeurs de la fraction volumique f_2 de l'inclusion, les erreurs relatives des modules identifiés (en comparaissant avec les valeurs utilisées lors de la simulation), FIGURE III.4.

	E_i (GPa)	ν_i	k_i (GPa)	μ_i (GPa)
Matrice (i=1)	100	0,32	92,6	37,9
Inclusion (i=2)	400	0,35	444,4	148,1

TABLE III.1 – *Caractéristiques mécaniques de la matrice et de l'inclusion*

Dans la FIGURE III.4, le critère d'homogénéité des déformations de l'inclusion $c_v(\varepsilon_2)$ (Eq. III.31) est présenté par les courbes « noires ». Il s'avère qu'une plus grande fraction volumique d'inclusion atténue l'homogénéité des déformations dans l'inclusion. D'autre part, du fait qu'une plus grande fraction volumique d'inclusion écarte le matériau considéré du problème d'Eshelby, des erreurs importantes sur les modules estimés à grande fraction volumique d'inclusion sont observées. Ces deux descriptions sont cohérentes. Face à cette situation, un critère c_v inférieur à 10% est choisi, qui est à peu près équivalent aux fractions f_2 inférieures à 20%. Dans une telle condition, les erreurs relatives des modules estimés sont inférieures à 10% (resp. 5%) pour le composite à inclusion sphérique, FIGURE III.4-a (resp. cylindrique, FIGURE III.4-b).

Contraste mécanique k_2 / k_1 entre les deux phases
En fixant la fraction volumique de l'inclusion, la sensibilité de l'estimation par MHI N°1 en fonction de différents contrastes mécaniques k_2 / k_1 entre les deux phases est maintenant étudiée. Dans une situation physique réelle, un contraste k_2 / k_1 est beaucoup plus faible que 5. Pour cette fois-ci, les simulations sont réalisées en gardant les mêmes propriétés mécaniques de la matrice, mais les inclusions sphérique (f_2 fixé à ~14%) et cylindrique (f_2 fixé à ~19%) présentent respectivement les modules de Young de 120, 150, 200, 250, 300, 350 et 400 GPa.

Sur la FIGURE III.5 est présentée la variation des erreurs relatives des propriétés mécaniques estimées par la MHI N°1 en fonction du contraste mécanique k_2 / k_1 entre les deux phases. Il s'avère qu'un plus grand contraste mécanique k_2 / k_1 accentue l'hétérogénéité des déformations dans l'inclusion, ce qui accentue l'erreur des propriétés mécaniques identifiées par MHI N°1. Il s'avère que le contraste mécanique entre les deux phases est également un paramètre déterminant qui influence l'exactitude des estimations de MHI N°1.

Conclusion : la méthode d'identification inverse N°1 étudie les matériaux à inclusions élastiques. L'identification des propriétés mécaniques par phase est efficace lorsque la concentration des inclusions élastiques est faible (ne dépassant pas 20%), et le critère de respect des déformations élastiques homogènes ne dépasse pas 10%. A propos de l'application dans un cas réel, du fait que la technique de mesure par corrélation d'images ne permet que de réaliser des mesures

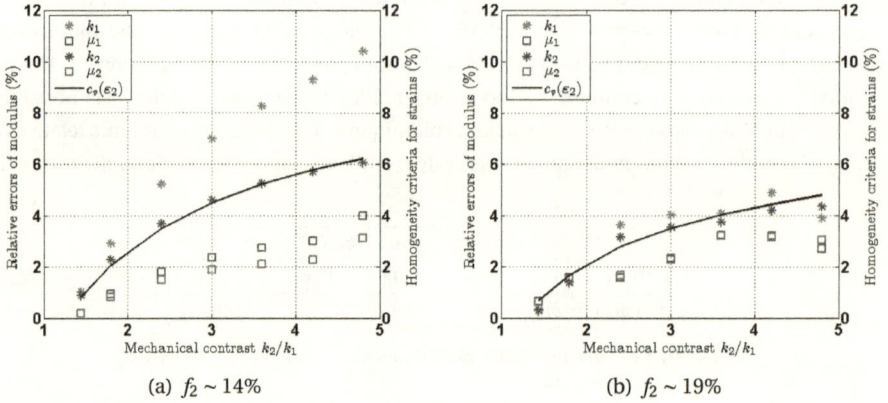

(a) $f_2 \sim 14\%$ (b) $f_2 \sim 19\%$

FIGURE III.5 – *Erreurs relatives des modules de compressibilité et de cisaillement estimés par la méthode d'homogénéisation inverse N°1 en fonction du contraste mécanique entre les deux phases : composite à inclusion élastique sphérique (a) et cylindrique (b)*

2D, il est préférable de limiter l'application de la MHI aux déformations planes, qui est le cas des matériaux à distribution homogène surfacique des phases. Néanmoins, lorsque la fraction volumique des inclusions est très faible, l'application de la MHI N°1 peut être élargie aux matériaux à distribution homogène spatiale des phases en acceptant que $\varepsilon_{\theta\theta} \sim \varepsilon_{rr}$ (Eq III.15).

1.3   Méthode N°2 : inclusion poreuse, approche de Mori-Tanaka

Lorsque les inclusions sont les pores, $k_2=0$ et $\mu_2=0$, le tenseur de localisation des déformations $\mathbb{A}_2$ des inclusions n'est plus déterminé. Par conséquent, les systèmes d'équations III.19, III.22, III.29 ou III.30 sont indéterminés (une équation, deux inconnues). Face à cette situation, une donnée supplémentaire est requise, on choisit ici d'utiliser la contrainte macroscopique. Moyennant cette donnée supplémentaire, la méthode d'homogénéisation inverse N°2 proposée ci-dessous permet d'identifier les propriétés mécaniques de la matrice. De manière similaire à la méthode N°1, en basant sur le modèle d'homogénéisation de Mori-Tanaka, la méthode N°2 tient compte également de la distribution des phases.

a   Forme sphérique (3D isotrope)

Le matériau biphasé à une inclusion poreuse sphérique est tout d'abord étudié. Les modules de compressibilité et de cisaillement équivalents $\left(k^{MT}, \mu^{MT}\right)$ estimés par le modèle de Mori-Tanaka sont exprimés sous forme des modules (k_1, μ_1) de la matrice [12] :

$$k^{MT} = k_1\left(1 - f_2\frac{3k_1 + 4\mu_1}{3f_2 k_1 + 4\mu_1}\right) \quad \text{et} \quad \mu^{MT} = \mu_1\left(1 - f_2\frac{15k_1 + 20\mu_1}{(9 + 6f_2)k_1 + (8 + 12f_2)\mu_1}\right),$$

Il est possible de relier le coefficient de Poisson équivalent v^{hom} à ces modules équivalents :

$$v^{\text{hom}} = \frac{3k^{\text{MT}} - 2\mu^{\text{MT}}}{2\left(3k^{\text{MT}} + \mu^{\text{MT}}\right)}.$$ (III.32)

Les différentes équations ci-dessus permettent d'aboutir à une relation entre les modules k_1 et μ_1 :

$$\mu_1 = \mathscr{A}\, k_1,$$ (III.33)

avec $\mathscr{A} = \dfrac{3}{16(v^{\text{hom}}+1)}\left(\sqrt{\left(196f_2^2 + 220f_2 + 25\right)\left(v^{\text{hom}}\right)^2 - \left(112f_2^2 + 196f_2 + 70\right)v^{\text{hom}} + 16f_2^2 + 16f_2}\right.$

$$\left. +49 + 4f_2 - 11v^{\text{hom}} - 14f_2 v^{\text{hom}} + 1\right).$$ (III.34)

De plus, en utilisant :

$$\mu^{\text{hom}} = \frac{E^{\text{hom}}}{2\left(1 + v^{\text{hom}}\right)}, \quad E^{\text{hom}} = \frac{\Sigma_{zz}}{\text{E}_{zz}} \quad \text{et} \quad v^{\text{hom}} = \frac{-\text{E}_{rr}}{\text{E}_{zz}},$$ (III.35)

où $E^{\text{hom}}, \mu^{\text{hom}}$ sont respectivement le module de Young et le module de cisaillement équivalents, Σ_{zz} est la contrainte macroscopique suivant la direction de traction, $\text{E}_{rr}^{\text{hom}}$ et $\text{E}_{zz}^{\text{hom}}$ sont les déformations macroscopiques ; le coefficient k_1 peut être obtenu par :

$$k_1 = \frac{E^{\text{hom}}}{2\left(1 + v^{\text{hom}}\right)} \frac{9 + 6f_2 + \left(8 + 12f_2\right)\mathscr{A}}{f_1 \mathscr{A}\left(9 + 8\mathscr{A}\right)}.$$ (III.36)

b Forme cylindrique (3D isotrope transverse)

Le cas de l'inclusion poreuse cylindrique peut être traité en utilisant la stratégie précédente. Les modules k_1 et μ_1 sont donc obtenus comme suit :

$$k_1 = \frac{E^{\text{hom}}}{2\left(1 + v^{\text{hom}}\right)} \frac{3 + \mathscr{B} + f_2(3 + 7\mathscr{B})}{f_1 B(3 + \mathscr{B})}, \quad \mu_1 = \mathscr{B}k_1 \quad \text{avec} \quad \mathscr{B} = \frac{3}{2} \frac{2v^{\text{hom}}\left(1 + f_2\right) - 1}{3f_2 - 1 - v^{\text{hom}}\left(1 + 7f_2\right)}.$$ (III.37)

c Qualification des incertitudes par simulation numérique (CAST3M)

Les deux exemples numériques proposés pour tester la méthode d'identification inverse N°2 dans le cas des inclusions poreuses sont similaires (géométrie, maillage de la matrice, conditions aux limites) aux cas des inclusions élastiques. Les caractéristiques de l'inclusion sont ici nulles. Les caractéristiques de la matrice sont donc maintenant identifiées par MHI N°2 et comparées aux grandeurs utilisées pour le calcul CAST3M, TABLE III.2.

Toutefois, dans le cas des matériaux poreux, les champs de déplacements ne sont plus définis à l'intérieur des pores mais sur leurs frontières. La déformation moyenne des inclusions poreuses est donc calculée à partir de déplacements sur les frontières :

$$\langle \boldsymbol{\varepsilon} \rangle_r = \frac{1}{|V_r|}\int \boldsymbol{\varepsilon}(\vec{x})\, dV_r = \frac{1}{|V_r|}\int_{\partial V_r} \vec{u}\,\underline{\otimes}\,\vec{N}\, d\partial V_r = \frac{1}{|V_r|}\int_{\partial V_r} \frac{1}{2}\left(\vec{u}\otimes\vec{N} + \vec{N}\otimes\vec{u}\right)d\partial V_r,$$ (III.38)

	E_i (GPa)	ν_i	k_i (GPa)	μ_i (GPa)
Matrice (i=1)	100	0,32	92,6	37,9

TABLE III.2 – *Caractéristiques mécaniques de la matrice*

où V_r présente le domaine occupé par une inclusion poreuse, ∂V_r est la frontière de V_r, $\vec{N}$ est la normale unitaire à ∂V_r dirigée vers l'extérieur de V_r, $\vec{u}$ présente le champ de déplacements sur ∂V_r et $\overline{\overline{\otimes}}$ est le produit tensoriel symétrisé.

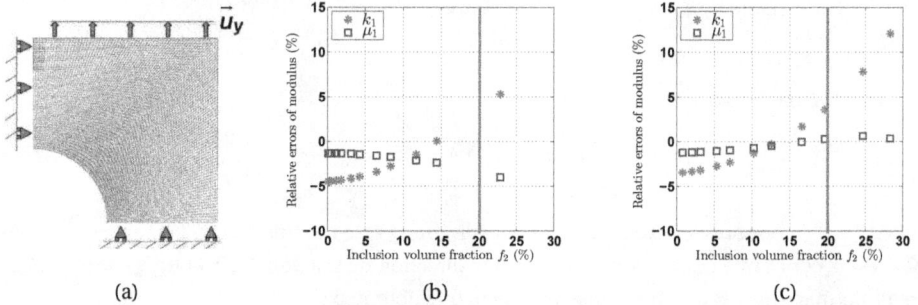

(a)   (b)   (c)

FIGURE III.6 – *(a) Modèle de maillage 2D utilisé pour la simulation CAST3M. Erreurs relatives des modules de compressibilité et de cisaillement estimés de la phase 1 par la méthode d'homogénéisation inverse N°2 : composite à inclusion poreuse sphérique (b) et cylindrique (c)*

Sur les figures III.6 (b) et (c) sont présentées les erreurs relatives des modules de compressibilité et de cisaillement de la matrice (k_1, μ_1) estimés par la MHI N°2. Le critère d'homogénéité des déformations dans le cas d'inclusion élastique est supposé encore valable pour ce cas, ce qui se traduit par des fractions f_2 inférieures à 20%. Dans une telle condition, les erreurs relatives des modules de la matrice estimés par la MHI N°2 sont inférieures à 5%.

Conclusion : comme pour la méthode N°1, il est préférable d'appliquer la méthode N°2 dans le cas des déformations planes du fait des mesures 2D obtenues par CIN-2D. Cette méthode est valable dans le cas d'une matrice en déformations élastiques linéaires, la fraction des inclusions doit être faible et le critère de déformations homogènes respecté (ne dépasse pas 10%). Néanmoins, la méthode N°2 nécessite une donnée supplémentaire à savoir le comportement macroscopique.

1.4 Méthode N°3 : inclusion poreuse, méthode d'ordre 1

Une autre méthode d'identification inverse appliquée aux matériaux poreux, nommée méthode N°3, est maintenant présentée. Cette méthode est construite en se basant sur les relations mécaniques de base au lieu d'utiliser le modèle d'homogénéisation de Mori-Tanaka comme dans le cas des deux méthodes précédentes. Par conséquent, elle ne prend pas en compte la distribution des phases. Celle-ci ne prend en compte que la fraction volumique des phases, en sus de la connaissance de la contrainte macroscopique. La contrainte macroscopique Σ est ici une combinaison des contraintes moyennes par phase $\langle \boldsymbol{\sigma} \rangle_1$ et $\langle \boldsymbol{\sigma} \rangle_2$:

$$\Sigma = \langle \boldsymbol{\sigma} \rangle = f_1 \langle \boldsymbol{\sigma} \rangle_1 \qquad \text{car} \quad \langle \boldsymbol{\sigma} \rangle_2 = 0 . \tag{III.39}$$

Si la matrice reste dans le domaine élastique, l'utilisation de la loi de comportement et des projecteurs sur les tenseurs sphérique et déviatorique :
- à l'échelle macroscopique :

$$\Sigma = k^{\text{hom}} \operatorname{tr} \mathbf{E} \, \boldsymbol{i} + 2 \, \mu^{\text{hom}} \, \mathbf{E}^{\text{dev}} , \tag{III.40}$$

- dans la phase 1 :

$$\boldsymbol{\sigma} = k_1 \operatorname{tr} \boldsymbol{\varepsilon} \, \boldsymbol{i} + 2 \, \mu_1 \, \boldsymbol{\varepsilon}^{\text{dev}} , \tag{III.41}$$

permet de déterminer directement les coefficients matériaux (k_1, μ_1) :
- sur la partie sphérique :

$$k^{\text{hom}} \operatorname{tr} \mathbf{E} = f_1 k_1 \operatorname{tr} (\langle \boldsymbol{\varepsilon} \rangle_1) \quad \text{d'où} \quad k_1 = \frac{k^{\text{hom}} \operatorname{tr} \mathbf{E}}{f_1 \operatorname{tr} (\langle \boldsymbol{\varepsilon} \rangle_1)} , \tag{III.42}$$

- sur la partie déviatorique :

$$\left(2 \mu^{\text{hom}} \right)^2 \mathbf{E}^{\text{dev}} : \mathbf{E}^{\text{dev}} = \left(2 f_1 \mu_1 \right)^2 \langle \boldsymbol{\varepsilon} \rangle_1^{\text{dev}} : \langle \boldsymbol{\varepsilon} \rangle_1^{\text{dev}} \quad \text{d'où} \quad \mu_1 = \frac{\mu^{\text{hom}}}{f_1} \sqrt{\frac{\mathbf{E}^{\text{dev}} : \mathbf{E}^{\text{dev}}}{\langle \boldsymbol{\varepsilon} \rangle_1^{\text{dev}} : \langle \boldsymbol{\varepsilon} \rangle_1^{\text{dev}}}} , \tag{III.43}$$

où $\boldsymbol{\varepsilon}^{\text{dev}}$ (resp. $\mathbf{E}^{\text{dev}}$) est la partie déviatorique du tenseur $\boldsymbol{\varepsilon}$ (resp. $\mathbf{E}$) :

$$\boldsymbol{\varepsilon}^{\text{dev}} = \boldsymbol{\varepsilon} - \frac{1}{3} \operatorname{tr} \boldsymbol{\varepsilon} \, \boldsymbol{i} = \boldsymbol{\varepsilon} - \frac{1}{3} \varepsilon_{ii} \, \boldsymbol{i} \tag{III.44}$$

Même si que cette méthode N°3 peut être appliquée à tous matériaux poreux, par la suite, deux cas simples de déformations (déformations axisymétriques et déformations planes) sont considérés afin de pouvoir comparer avec la méthode N°2.

a   Forme sphérique (3D isotrope)

En se plaçant dans le cas axisymétrique, le tenseur des déformations a pour expression :

$$\boldsymbol{\varepsilon}(\vec{x}) = \begin{bmatrix} \varepsilon_{rr} & 0 & \varepsilon_{rz} \\ 0 & \varepsilon_{\theta\theta} & 0 \\ \varepsilon_{rz} & 0 & \varepsilon_{zz} \end{bmatrix}_{(r, \theta, z)} .$$

D'où :

$$\operatorname{tr} \boldsymbol{\varepsilon} = \varepsilon_{rr} + \varepsilon_{\theta\theta} + \varepsilon_{zz} ,$$

$$\boldsymbol{\varepsilon}^{\text{dev}} = \boldsymbol{\varepsilon} - \frac{1}{3} \operatorname{tr} \boldsymbol{\varepsilon} \, \boldsymbol{i} = \begin{bmatrix} \frac{2}{3} \varepsilon_{rr} - \frac{1}{3} (\varepsilon_{\theta\theta} + \varepsilon_{zz}) & 0 & \varepsilon_{rz} \\ 0 & \frac{2}{3} \varepsilon_{\theta\theta} - \frac{1}{3} (\varepsilon_{rr} + \varepsilon_{zz}) & 0 \\ \varepsilon_{rz} & 0 & \frac{2}{3} \varepsilon_{zz} - \frac{1}{3} (\varepsilon_{rr} + \varepsilon_{\theta\theta}) \end{bmatrix} , \tag{III.45}$$

et donc :

$$\boldsymbol{\varepsilon}^{\text{dev}} : \boldsymbol{\varepsilon}^{\text{dev}} = \frac{2}{3} \left(\varepsilon_{rr}^2 + \varepsilon_{\theta\theta}^2 + \varepsilon_{zz}^2 - \varepsilon_{\theta\theta} \varepsilon_{rr} - \varepsilon_{rr} \varepsilon_{zz} - \varepsilon_{\theta\theta} \varepsilon_{zz} \right) + 2 \varepsilon_{rz}^2 . \tag{III.46}$$

Les modules de compressibilité et de cisaillement de la matrice valent donc :

$$k_1 = \frac{k^{\text{hom}}}{f_1} \frac{E_{rr} + E_{zz} + E_{\theta\theta}}{\langle \varepsilon_{rr} \rangle_1 + \langle \varepsilon_{zz} \rangle_1 + \langle \varepsilon_{\theta\theta} \rangle_1} , \tag{III.47}$$

$$\mu_1 = \frac{\mu^{\text{hom}}}{f_1} \sqrt{\frac{\frac{2}{3}\left(E_{rr}^2 + E_{\theta\theta}^2 + E_{zz}^2 - E_{\theta\theta}E_{rr} - E_{rr}E_{zz} - E_{\theta\theta}E_{zz}\right) + 2E_{rz}^2}{\frac{2}{3}\left(\langle \varepsilon_{rr} \rangle_1^2 + \langle \varepsilon_{\theta\theta} \rangle_1^2 + \langle \varepsilon_{zz} \rangle_1^2 - \langle \varepsilon_{\theta\theta} \rangle_1 \langle \varepsilon_{rr} \rangle_1 - \langle \varepsilon_{rr} \rangle_1 \langle \varepsilon_{zz} \rangle_1 - \langle \varepsilon_{\theta\theta} \rangle_1 \langle \varepsilon_{zz} \rangle_1\right) + 2\langle \varepsilon_{rz} \rangle_1^2}} \tag{III.48}$$

b   Forme cylindrique (3D isotrope transverse)

En se plaçant dans le cas de déformations planes, le tenseur des déformations a pour expression :

$$\boldsymbol{\varepsilon}(\vec{x}) = \begin{bmatrix} \varepsilon_{xx} & \varepsilon_{xy} & 0 \\ \varepsilon_{xy} & \varepsilon_{yy} & 0 \\ 0 & 0 & 0 \end{bmatrix}_{(x,y,z)} .$$

D'où :

$$\text{tr}\,\boldsymbol{\varepsilon} = \varepsilon_{xx} + \varepsilon_{yy} ,$$

$$\boldsymbol{\varepsilon}^{\text{dev}} = \boldsymbol{\varepsilon} - \frac{1}{3} \text{tr}\,\boldsymbol{\varepsilon}\,\boldsymbol{i} = \begin{bmatrix} \frac{2}{3}\varepsilon_{xx} - \frac{1}{3}\varepsilon_{yy} & \varepsilon_{xy} & 0 \\ \varepsilon_{xy} & \frac{2}{3}\varepsilon_{yy} - \frac{1}{3}\varepsilon_{xx} & 0 \\ 0 & 0 & -\frac{1}{3}\left(\varepsilon_{xx} + \varepsilon_{yy}\right) \end{bmatrix} , \tag{III.49}$$

et donc :

$$\boldsymbol{\varepsilon}^{\text{dev}} : \boldsymbol{\varepsilon}^{\text{dev}} = \frac{2}{3}\left(\varepsilon_{xx}^2 + \varepsilon_{yy}^2 - \varepsilon_{xx}\varepsilon_{yy}\right) + 2\varepsilon_{xy}^2 . \tag{III.50}$$

Les modules de compressibilité et de cisaillement de la matrice ont pour expression :

$$k_1 = \frac{k^{\text{hom}}}{f_1} \frac{E_{xx} + E_{yy}}{\langle \varepsilon_{xx} \rangle_1 + \langle \varepsilon_{yy} \rangle_1} , \tag{III.51}$$

$$\mu_1 = \frac{\mu^{\text{hom}}}{f_1} \sqrt{\frac{\frac{2}{3}\left(E_{xx}^2 + E_{yy}^2 - E_{xx}E_{yy}\right) + 2E_{xy}^2}{\frac{2}{3}\left(\langle \varepsilon_{xx} \rangle_1^2 + \langle \varepsilon_{yy} \rangle_1^2 - \langle \varepsilon_{xx} \rangle_1 \langle \varepsilon_{yy} \rangle_1\right) + 2\langle \varepsilon_{xy} \rangle_1^2}} . \tag{III.52}$$

c   Qualification des incertitudes par simulation numérique (CAST3M)

Les deux exemples numériques utilisés pour tester cette méthode d'identification N°3 sont similaires à ceux utilisés pour la méthode N°2. Les caractéristiques de la matrice sont identifiées et comparées aux grandeurs utilisées pour le calcul CAST3M, TABLE III.2. Sur les figures III.7 (b) et (c) sont présentées les erreurs relatives des modules de compressibilité et de cisaillement de la matrice (k_1, μ_1) estimés par la MHI N°3. Les erreurs relatives obtenues s'avèrent beaucoup plus importantes que celles obtenues par la MHI N°2. Si la fraction volumique de l'inclusion f_2 est égale à 20%, les erreurs obtenues valent d'environ 30%.

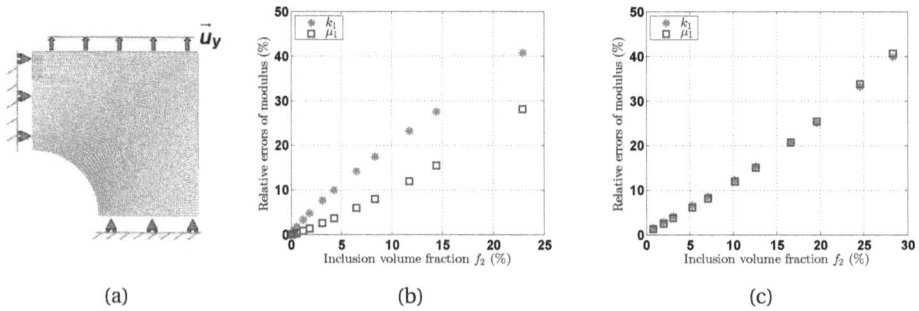

(a)   (b)   (c)

FIGURE III.7 – *(a) Modèle de maillage 2D utilisé pour la simulation CAST3M. Erreurs relatives des modules de compressibilité et de cisaillement estimés de la phase 1 par la méthode d'homogénéisation inverse N°3 : composite à inclusion poreuse sphérique (b) et cylindrique (c)*

Conclusion : l'avantage de la méthode d'homogénéisation inverse N°3 est son applicabilité à tous types de matériaux poreux. La méthode N°3 utilise uniquement comme données les fractions volumiques des phases, les déformations à différentes échelles et le comportement macroscopique. Toutefois, elle ne prend pas en compte la distribution des inclusions comme la méthode N°2. C'est la raison pour laquelle les propriétés mécaniques par phase identifiées par la méthode N°3 sont moins précises que celles obtenues par la méthode N°2.

2 Essais sur des éprouvettes micro-percées

Une étape importante du travail consiste maintenant à qualifier les différentes méthodes d'homogénéisation inverses à partir de mesures expérimentales dans les conditions les plus proches possibles du problème d'Eshelby. Pour ce faire, trois types d'éprouvette simple sont considérés : Zy-4 RXA vierge, avec un micro-trou et pour finir quatre micro-trous, FIGURE III.8. La première doit fournir des paramètres du matériau qui serviront de référence par la suite. Les micro-trous de diamètres 90 ± 2 μm, réalisés par électroérosion par la Société Anonyme de Fabrication Industrielle Mécanique (SAFIM), sont percés dans la zone centrale sur toute l'épaisseur de l'éprouvette. Le rapport longueur/diamètre des micro-trous est d'environ 5, ils peuvent donc être considérés comme des inclusions poreuses cylindriques afin de pouvoir tester les méthodes MHI. Dans cette partie, les méthodes d'identification inverse N°2 et N°3 traitant des matériaux poreux sont qualifiées. Un double objectif est examiné :

- qualifier la précision de la mesure des champs cinématiques hétérogènes par CIN à l'échelle micrométrique,
- examiner l'incertitude des propriétés mécaniques par phase estimées par la MHI N°2 et N°3 à partir de mesures expérimentales sur les matériaux poreux modèles.

(a)   (b)   (c)

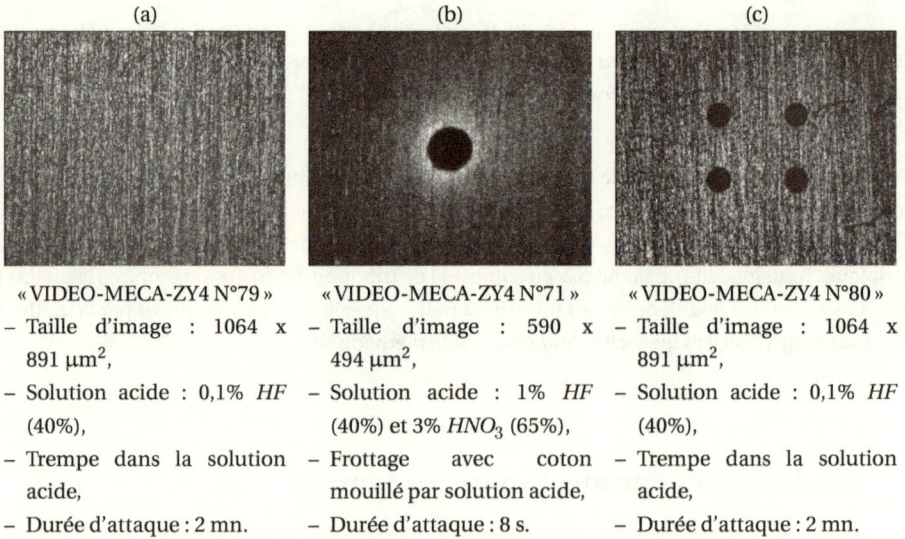

«VIDEO-MECA-ZY4 N°79»

– Taille d'image : 1064 x 891 μm²,

– Solution acide : 0,1% *HF* (40%),

– Trempe dans la solution acide,

– Durée d'attaque : 2 mn.

«VIDEO-MECA-ZY4 N°71»

– Taille d'image : 590 x 494 μm²,

– Solution acide : 1% *HF* (40%) et 3% *HNO₃* (65%),

– Frottage avec coton mouillé par solution acide,

– Durée d'attaque : 8 s.

«VIDEO-MECA-ZY4 N°80»

– Taille d'image : 1064 x 891 μm²,

– Solution acide : 0,1% *HF* (40%),

– Trempe dans la solution acide,

– Durée d'attaque : 2 mn.

FIGURE III.8 – *Mouchetis créés par attaque chimique sur trois types d'éprouvette utilisés dans les essais de traction uniaxiale monotone : (a) Zy-4 RXA vierge (sans trou), (b) Zy-4 RXA avec un micro-trou cylindrique, (c) Zy-4 RXA avec quatre micro-trous cylindriques*

2.1 Propriétés mécaniques du Zircaloy-4 RXA vierge

Afin d'avoir des paramètres mécaniques du Zy-4 RXA vierge qui serviront de propriétés pour la matrice des matériaux micro-percés, un essai de traction uniaxiale monotone est tout d'abord réalisé sur l'éprouvette vierge (sans trou). Durant cet essai, la charge appliquée est mesurée par la machine d'essai via un dynamomètre monté en série avec l'éprouvette. Les déplacements et les déformations, quant à eux, sont mesurés par la méthode de corrélation d'images.

a Caractérisation de l'essai de traction uniaxiale monotone

⊙ **Courbe conventionnelle**

En négligeant les variations de section utile de l'éprouvette durant l'essai de traction, il est possible de tracer la courbe conventionnelle reliant la contrainte conventionnelle σ_{yy}^c à la déformation conventionnelle ε_{yy}^c, FIGURE III.9. La déformation conventionnelle peut se diviser en une partie élastique $(\varepsilon_{yy}^c)^e$ et une partie plastique $(\varepsilon_{yy}^c)^p$ [22, 29], d'où :

- Contrainte : $\sigma_{yy}^c = \dfrac{F_y}{S_0}$,

- Déformation : $\varepsilon_{yy}^c = \dfrac{\Delta L_y}{L_y^0} = \left(\varepsilon_{yy}^c\right)^e + \left(\varepsilon_{yy}^c\right)^p$ $\left(\left(\varepsilon_{yy}^c\right)^e = \dfrac{\sigma_{yy}^c}{E}, \quad \left(\varepsilon_{yy}^c\right)^p = \varepsilon_{yy}^c - \left(\varepsilon_{yy}^c\right)^e\right)$,
$$\text{(III.53)}$$

où F_y est la force appliquée, ΔL_y est l'allongement de l'éprouvette, L_y^0 est la longueur initiale de la partie utile de l'éprouvette, S_0 est l'aire initiale de la partie utile de l'éprouvette et E est le module d'Young du matériau. Sur la FIGURE III.9 sont présentés deux domaines différents : un domaine de déformations élastiques réversibles, noté OA, et un domaine de déformation plastique permanente homogène, noté AB. Les déformations conventionnelles ε_{yy}^c présentées sur la FIGURE III.9 sont les moyennes du champ des déformations ε_{yy} mesurées par CIN-2D. Les déformations ε_{yy} sont homogènes et présentent un critère d'homogénéité c_v d'environ 5%. Ce critère d'homogénéité servira de référence pour savoir si les déformations mesurées sont significatives ($c_v > 5\%$) ou que du bruit numérique ($c_v \leqslant 5\%$).

Dans le **domaine de déformation élastique réversible**, le point A marque la limite du domaine élastique, certaines propriétés mécaniques sont définies :

- Module de Young (la pente de la partie linéaire élastique) :

$$E = \frac{\sigma_{yy}^c}{\left(\varepsilon_{yy}^c\right)^e} , \qquad \text{(III.54)}$$

- Limite d'élasticité vraie :

$$R_y^e = \frac{F_y^e}{S_0} , \qquad \text{(III.55)}$$

- La courbe de traction de l'éprouvette Zy-4 RXA ne présente pas nettement de limite d'élasticité vraie à cause du fort taux d'écrouissage. La limite d'élasticité conventionnelle qui correspond à $0,2\%$ de déformation plastique est donc définie par :

$$R_y^{p0,2} = \frac{F_y^{p0,2}}{S_0} , \qquad \text{(III.56)}$$

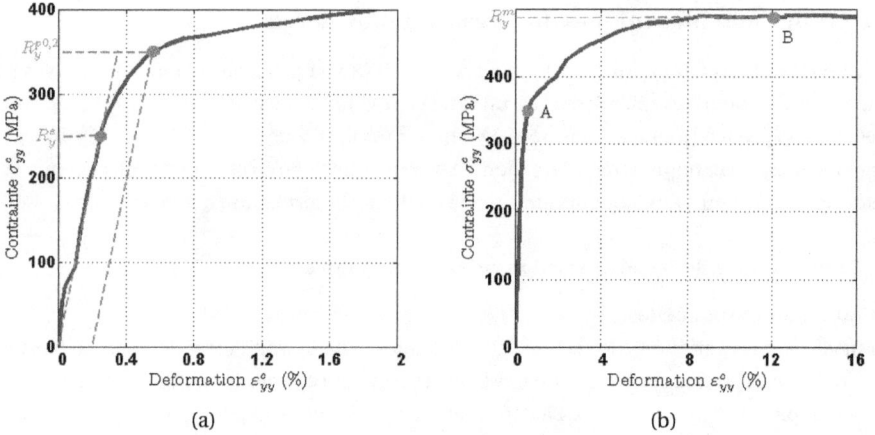

(a)   (b)

FIGURE III.9 – *Courbe conventionnelle de l'essai de traction uniaxiale monotone sur l'éprouvette Zy-4 RXA (la limite d'élasticité vraie R_y^e, la limite d'élasticité conventionnelle $R_y^{p0,2}$ et la résistance à la traction R_y^m) : (a) $\varepsilon_{yy}^c = [0-2\%]$, (b) $\varepsilon_{yy}^c = [0-16\%]$*

– Coefficient de Poisson v :

$$v = \frac{-\left(\varepsilon_{xx}^c\right)^e}{\left(\varepsilon_{yy}^c\right)^e} \, . \tag{III.57}$$

Dans le **domaine de déformation plastique permanente homogène**, le point B se situe au point de charge maximale et au début de la striction. Dans ce domaine, certaines propriétés mécaniques sont définies :

– Déformation plastique conventionnelle :

$$\left(\varepsilon_{yy}^c\right)^p = \varepsilon_{yy}^c - \left(\varepsilon_{yy}^c\right)^e = \frac{\Delta L_y}{L_0} - \frac{\sigma_{yy}^c}{E} \, , \tag{III.58}$$

– Résistance à la traction :

$$R_y^m = \frac{F_y^m}{S_0} \, , \tag{III.59}$$

où F_y^m est la charge maximale.

A partir de l'essai de traction uniaxiale sur l'éprouvette Zy-4 RXA vierge, les différentes propriétés mécaniques du Zy-4 RXA vierge sont présentées dans la TABLE III.3 :

E=101500 (MPa), v=0,35	R_y^e=250 (MPa)
R_y^m=490 (MPa)	$R_y^{p0,2}$=350 (MPa)

TABLE III.3 – *Caractéristiques mécaniques du Zircaloy-4 RXA vierge*

⊙ **Courbe rationnelle**

La courbe rationnelle est une autre représentation du comportement du matériau avec en ordonnée la contrainte rationnelle σ_{yy}^r (ou vraie), i.e. la charge ramenée à la section instantanée S, et en abscisse la déformation rationnelle ε_{yy}^r (ou vraie) [22, 29] :

- Contrainte rationnelle (vrai) : $\sigma_{yy}^r = \dfrac{F_y}{S}$,

- Déformation rationnelle (vrai) : $\varepsilon_{yy}^r = \int_{L_y^0}^{L_y} \dfrac{dl}{l} = \ln \dfrac{L_y}{L_y^0} = \ln \dfrac{L_y^0 + \Delta L_y}{L_y^0} = \ln\left(1 + \varepsilon_{yy}^c\right)$.

$$(III.60)$$

Lorsque la déformation élastique est négligeable devant la déformation plastique, i.e. bien au-delà du domaine de transition élastique-plastique, et compte tenu du fait que la déformation plastique s'effectue à volume constant [58, 22] :

$$S_0 L_y^0 = S L_y \quad \Rightarrow \quad S = \frac{S_0 L_y^0}{L_y} = \frac{S_0 L_y^0}{L_y^0 + \Delta L_y} = \frac{S_0}{1 + \varepsilon_{yy}^c} , \qquad (III.61)$$

cela permet d'écrire :

- $\sigma_{yy}^r = \dfrac{F}{S} = \dfrac{F_y}{\dfrac{S_0}{1 + \varepsilon_{yy}^c}} = \sigma_{yy}^c \left(1 + \varepsilon_{yy}^c\right) \approx \sigma_{yy}^c \left(1 + \left(\varepsilon_{yy}^c\right)^p\right)$, $\qquad (III.62)$

- Déformation élastique rationnelle et plastique rationnelle (vraie) :
$$\left(\varepsilon_{yy}^r\right)^e = \frac{\sigma_{yy}^r}{E}, \quad \left(\varepsilon_{yy}^r\right)^p = \varepsilon_{yy}^r - \frac{\sigma_{yy}^r}{E} . \qquad (III.63)$$

b Identification d'une loi de comportement élastoplastique

Pour une meilleure compréhension dans tout le domaine de déformation du Zy-4 RXA vierge, il est également souhaitable de connaître une loi de comportement unidimensionnelle dans le domaine des déformations plastiques reliant la contrainte rationnelle σ_{yy}^r à la déformation rationnelle ε_{yy}^r. Dans l'étude considérée, une loi de type Ramberg-Osgood a été retenue pour modéliser le comportement unidimensionnel à écrouissage isotrope du matériau [58, 22, 29] :

$$\sigma_{yy}^r = K\left(\left(\varepsilon_{yy}^r\right)^p\right)^n , \qquad (III.64)$$

où K est le coefficient d'écrouissage et n est l'exposant d'écrouissage. Les paramètres K et n peuvent être identifiés en minimisant l'écart entre les courbes théorique $\left(\sigma_{yy}^r\right)^{the} = K\left(\left(\varepsilon_{yy}^r\right)^p\right)^n$ et expérimentale $\left(\sigma_{yy}^r\right)^{exp} = \sigma_{yy}^c\left(1 + \left(\varepsilon_{yy}^c\right)^p\right)$ au sens des moindres carrés, FIGURE III.10 :

$$(K, n) = \mathrm{argmin}\left[\left(\sigma_{yy}^r\right)^{exp} - \left(\sigma_{yy}^r\right)^{the}\right]^2 . \qquad (III.65)$$

Par conséquent, la loi de comportement unidimensionnelle de l'éprouvette Zy-4 RXA vierge qui définit la déformation rationnelle en fonction de la contrainte rationnelle vaut :

$$\varepsilon_{yy}^r = \left(\varepsilon_{yy}^r\right)^e + \left(\varepsilon_{yy}^r\right)^p = \frac{\sigma_{yy}^r}{E} + \left(\frac{\sigma_{yy}^r}{K}\right)^{\frac{1}{n}} , \qquad (III.66)$$

avec $K = 704\,\mathrm{MPa}$ et $n = 0{,}117$.

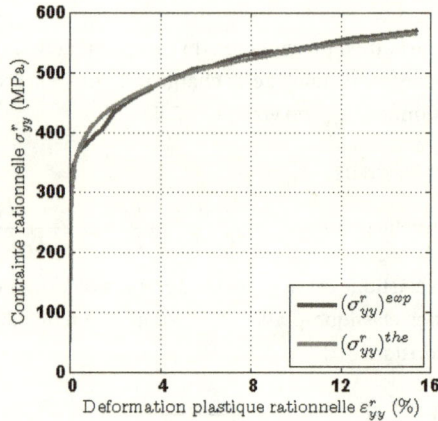

FIGURE III.10 – *Confrontation théorie-expérience des courbes $\left(\sigma_{yy}^r\right)^{the}$ et $\left(\sigma_{yy}^r\right)^{exp}$ en fonction de $\left(\varepsilon_{yy}^r\right)^p$ afin d'optimiser les valeurs K et n. Les valeurs optimales sont : K = 704 MPa, n = 0,117*

2.2 Critères de calcul et comparaisons expériences/simulations numériques

Dans le dernier paragraphe, les propriétés mécaniques du Zy-4 RXA vierge ont été déterminées. Dans ce qui suit, les essais de traction uniaxiale sur les éprouvettes Zy-4 RXA vierge micro-percées, qui sont considérées comme constituées de matériaux biphasés à inclusions poreuses cylindriques, continuent d'être traités. A partir de données expérimentales obtenues, la sensibilité des MHI N°2 et N°3 sera qualifiée : l'incertitude des propriétés mécaniques de la matrice estimées par rapport à celles du Zy-4 RXA vierge identifiées.

a Critères à respecter

Tout d'abord, les deux critères en déformation requis dans l'application de la MHI et de la CIN, à savoir se placer en élasticité linéaire et en déformations planes, sont définis.

⊙ Critère de limite d'élasticité

Les méthodes MHI envisagées ne sont plus valables lorsque les déformations des phases ne sont pas élastiques [12]. Dans ce contexte, le critère de la déformation équivalente au sens de Von Mises $\left(\varepsilon_{eq}^{VM}\right)^{p0,2}$ a été retenu [17, 58] :

$$\varepsilon_{eq}^{VM} = \frac{2}{3}\sqrt{\frac{3\left(e_{xx}^2 + e_{yy}^2 + e_{zz}^2\right)}{2} + \frac{3\left(\gamma_{xy}^2 + \gamma_{yz}^2 + \gamma_{zx}^2\right)}{4}} \, , \tag{III.67}$$

où

$$
\begin{aligned}
e_{xx} &= \frac{2}{3}\varepsilon_{xx} - \frac{1}{3}\varepsilon_{yy} - \frac{1}{3}\varepsilon_{zz}\,, \\
e_{yy} &= -\frac{1}{3}\varepsilon_{xx} + \frac{2}{3}\varepsilon_{yy} - \frac{1}{3}\varepsilon_{zz}\,, \\
e_{zz} &= -\frac{1}{3}\varepsilon_{xx} - \frac{1}{3}\varepsilon_{yy} + \frac{2}{3}\varepsilon_{zz}\,, \\
\gamma_{ij} &= 2\varepsilon_{ij}\,.
\end{aligned}
\tag{III.68}
$$

Pour le Zy-4 RXA vierge, lorsque $\sigma_{yy}^{c} = R_y^{p0,2}$, la limite d'élasticité conventionnelle est atteinte : $\left(\varepsilon_{yy}^{c}\right)^{p} = 0,2\%$, $\left(\varepsilon_{xx}^{c}\right)^{p0,2} = -0,3\%$ et $\left(\varepsilon_{yy}^{c}\right)^{p0,2} = 0,57\%$. La déformation équivalente au sens de Von Mises $\left(\varepsilon_{eq}^{\mathrm{VM}}\right)^{p0,2}$, qui correspond à la limite d'élasticité [58], est égale à $0,51\%$. Dans ce qui suit, les méthodes MHI seront donc appliquées lorsque les déformations du Zy-4 RXA vierge se situent dans ce domaine.

⊙ **Critère de déformations planes**

L'état mécanique du matériau en déformations planes est le deuxième critère à définir. Dans un repère cartésien, les tenseurs des déformations et des contraintes de l'éprouvette soumise à une traction uniaxiale suivant l'axe $\overrightarrow{y}$ prennent les formes générales suivantes :

$$
\boldsymbol{\varepsilon} =
\begin{bmatrix}
\varepsilon_{xx} & 0 & 0 \\
0 & \varepsilon_{yy} & 0 \\
0 & 0 & \varepsilon_{zz}
\end{bmatrix}_{(x,y,z)}
\quad \text{et} \quad
\boldsymbol{\sigma} =
\begin{bmatrix}
\sigma_{xx} & 0 & 0 \\
0 & \sigma_{yy} & 0 \\
0 & 0 & \sigma_{zz}
\end{bmatrix}_{(x,y,z)}.
\tag{III.69}
$$

– Critère linéaire en contrainte plane :

Dans le cas de l'hypothèse des contraintes planes, la composante σ_{zz} du tenseur des contraintes $\boldsymbol{\sigma}$ est supposée nulle. La composante ε_{zz} du tenseur des déformations prend la forme :

$$
\varepsilon_{zz}^{\mathrm{CP}} = \frac{-\lambda}{\lambda + 2\mu}\left(\varepsilon_{xx} + \varepsilon_{yy}\right).
\tag{III.70}
$$

Il est alors possible de définir un critère local simple ϑ permettant de caractériser l'état de contrainte du matériau en comparant la composante ε_{zz} mesurée à celle donnée par la formule ci-dessus :

$$
\vartheta = \frac{\left|\varepsilon_{zz} - \varepsilon_{zz}^{\mathrm{CP}}\right|}{\left|\varepsilon_{zz}^{\mathrm{CP}}\right|} = \frac{\left|\varepsilon_{zz} + \dfrac{\lambda}{\lambda + 2\mu}\left(\varepsilon_{xx} + \varepsilon_{yy}\right)\right|}{\dfrac{-\lambda}{\lambda + 2\mu}\left(\varepsilon_{xx} + \varepsilon_{yy}\right)}.
\tag{III.71}
$$

Lorsque ϑ est proche 1 le matériau est localement dans un état de déformations planes, tandis que lorsque ϑ est proche 0 il est dans un état de contraintes planes.

– Critère linéaire en déformation plane :

De façon analogue, le critère local ζ, peut être introduit :

$$
\zeta = \frac{\left|\sigma_{zz} - \sigma_{zz}^{\mathrm{DP}}\right|}{\left|\sigma_{zz}^{\mathrm{DP}}\right|} = \frac{\left|\sigma_{zz} - \dfrac{\lambda}{2(\lambda + \mu)}\left(\sigma_{xx} + \sigma_{yy}\right)\right|}{\dfrac{\lambda}{2(\lambda + \mu)}\left(\sigma_{xx} + \sigma_{yy}\right)}.
\tag{III.72}
$$

Lorsque ζ est proche 1 le matériau est dans un état de contraintes planes, alors que lorsque ζ est proche 0 il est dans un état de déformations planes.

– Critère combiné :

Le critère combiné $\psi = \dfrac{\vartheta}{\zeta}$ traduit directement un état de type déformation plane pour $\psi > 1$.

b Champs cinématiques des éprouvettes micro-percées

Sur les figures III.11 (a) et (b) sont respectivement présentées les courbes Contraintes - Déformations macroscopiques des essais de traction uniaxiale sur les éprouvettes modèles percées avec un et quatre micro-trous. Les tractions sont réalisées jusqu'au domaine de déformation plastique.

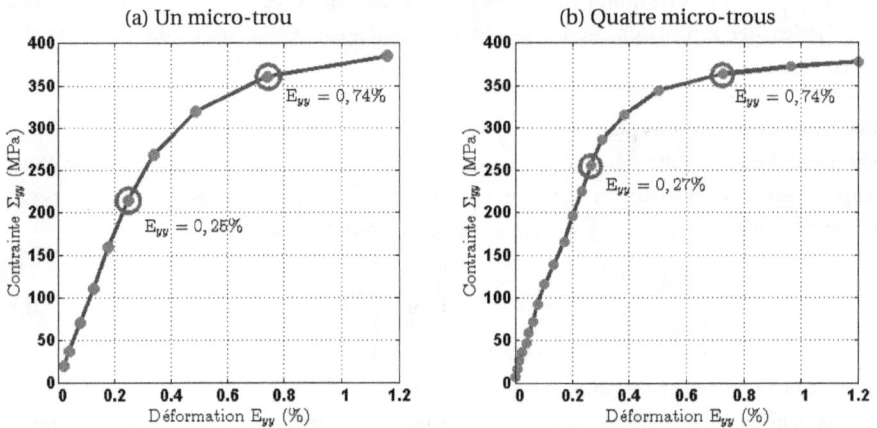

FIGURE III.11 – *Courbe contrainte-déformation de l'essai de traction uniaxiale monotone sur les éprouvettes à un micro-trou (a) et à quatre micro-trous (b)*

⊙ Éprouvette percée avec un micro-trou

Dans un premier temps, l'essai de traction uniaxiale sur l'éprouvette Zy-4 RXA avec un micro-trou est analysé. Sur la FIGURE III.12 sont présentés les champs de déplacements expérimentaux de la surface centrée autour du micro-trou lorsque la déformation macroscopique E_{yy} de l'éprouvette est égale à 0,74%. La dimension de la surface étudiée est de 2448 x 2050 pixels, soit 590 x 494 μm^2. Le maillage CIN est obtenu avec un pas de 10 x 10 pixels, la zone de corrélation (ZC) est de 91 x 91 pixels. Des mouvements de corps rigide peuvent être intégrés dans ces champs de déplacements, mais ils seront éliminés lors du calcul des déformations par dérivation numérique.

Sur les FIGURE III.13 et FIGURE III.14 sont respectivement présentés les champs de déformations de Green-Lagrange dans les domaines élastique et plastique pour une intensité du chargement macroscopique $E_{yy} = 0,25\%$ et $E_{yy} = 0,74\%$. Des zones d'approximation (ZA) de taille 81 x 81 pixels sont construites en utilisant des fonctions polynomiales d'ordre 2. Ces champs de déformations montrent un accroissement des hétérogénéités de déformation intraphase. La présence du micro-trou induit une concentration importante de contraintes à leurs voisinages pouvant accentuer la plasticité locale. Le fait que l'éprouvette soit macroscopiquement dans le domaine

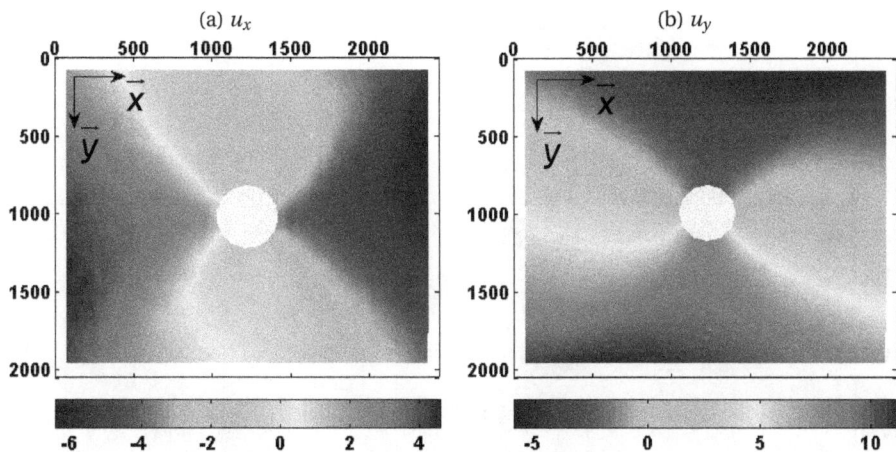

FIGURE III.12 – *Éprouvette à un micro-trou « VIDEO-MECA-ZY4 N°71 » : champs de déplacements suivant $\vec{x}$ (a) et $\vec{y}$ (b) pour une déformation macroscopique* $E_{yy} = 0,74\%$ *(zone considérée 590 x 494 μm^2 autour du micro-trou). La compression suivant la direction $\vec{x}$ et la traction suivant $\vec{y}$ est observée*

élastique, mais localement dans le domaine plastique à certains endroits est un comportement à éviter dans la mise en œuvre de la MHI. L'application de la MHI est réalisable si la matrice (Zy-4 RXA) reste dans le domaine élastique, i.e. $\varepsilon_{eq}^{VM} \leq \left(\varepsilon_{eq}^{VM}\right)^{p0,2} = 0,51\%$ (cf. paragraphe 2.2.a), condition respectée en tout point sur la FIGURE III.13-d.

Pour des déformations macroscopiques dépassant une certaine valeur, le champ de déformations présente des zones de fortes valeurs localement autour du micro-trou, FIGURE III.14, le long de zones qui seront le lieu d'apparition de la rupture finale. Pour une déformation macroscopique $E_{yy} = 0,74\%$, l'éprouvette Zy-4 RXA est macroscopiquement dans le domaine de déformation plastique, mais une analyse locale permet de voir que le champ de déformations équivalentes de Von-Mises ε_{eq}^{VM} est en certains points dans le domaine élastique $\varepsilon_{eq}^{VM} < \left(\varepsilon_{eq}^{VM}\right)^{p0,2}$, FIGURE III.14-d.

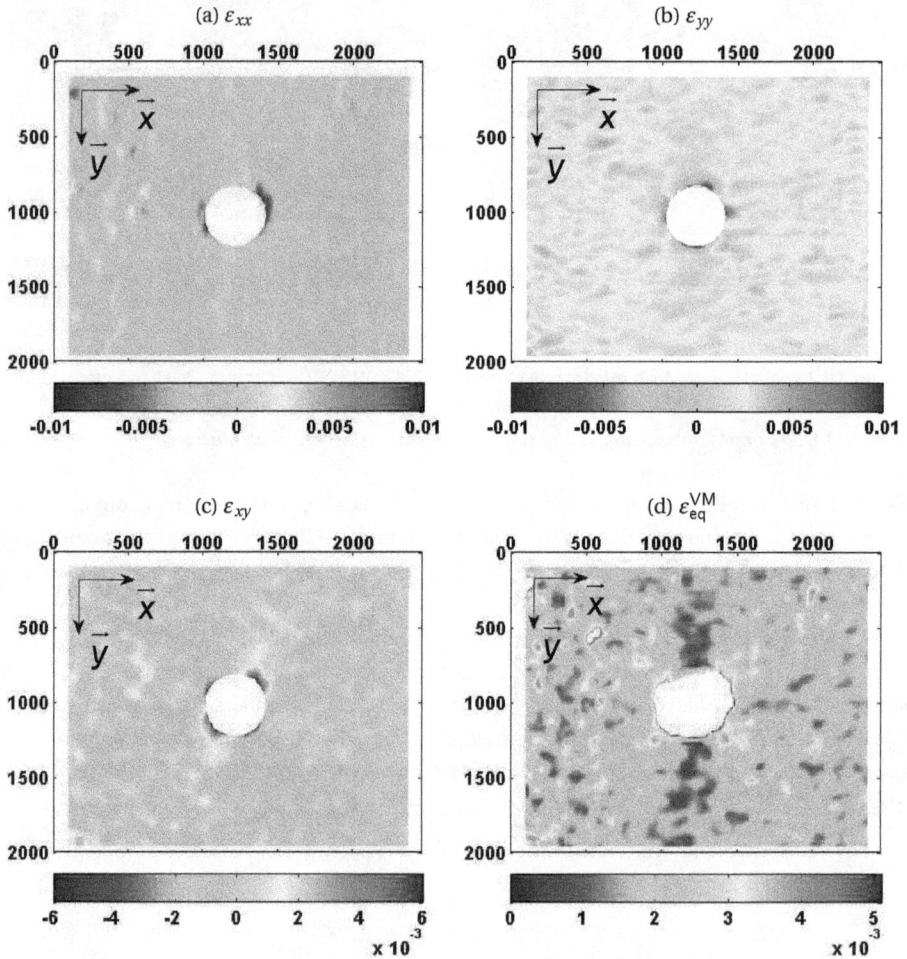

FIGURE III.13 – *Essai de traction uniaxiale monotone suivant $\vec{y}$ sur l'éprouvette « VIDEO-MECA-ZY4 N°71 » : champs de déformations ε_{xx} (a), ε_{yy} (b), ε_{xy} (c) et ε_{eq}^{VM} (d) pour une déformation macroscopique E_{yy}= 0,25% (zone considérée 590 x 494 μm^2 autour du micro-trou).*

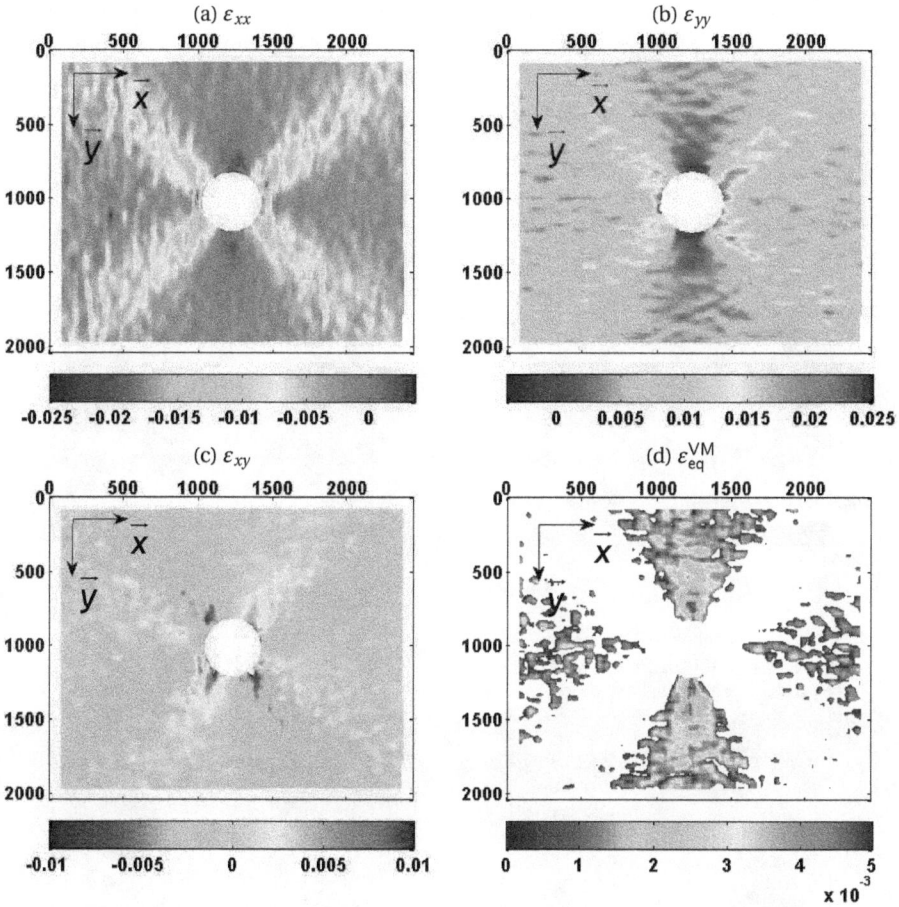

FIGURE III.14 – *Essai de traction uniaxiale monotone suivant $\overrightarrow{y}$ sur l'éprouvette « VIDEO-MECA-ZY4 N°71 » : champs de déformations ε_{xx} (a), ε_{yy} (b), ε_{xy} (c) et ε_{eq}^{VM} (d) pour une déformation macroscopique $E_{yy} = 0,74\%$ (zone considérée 590 x 494 μm^2 autour du micro-trou)*

⊙ **Éprouvette percée avec quatre micro-trous**

Dans un deuxième temps, l'essai de traction uniaxiale sur l'éprouvette Zy-4 RXA à quatre micro-trous est étudié. Sur les FIGURE III.15 et FIGURE III.16 sont présentés les champs de déformations de Green-Lagrange pour deux valeurs de la déformation macroscopique E_{yy} égales à 0,27% et 0,74%. Des zones d'approximation (ZA) de taille 81 x 81 pixels sont construites en utilisant des fonctions polynomiales d'ordre 2. Dans le $2^{\text{ème}}$ cas, les zones de fortes déformations sont concentrées autour des trous et sous la forme très classique de « X » symétrique. Encore une fois, les champs de déformations équivalentes de Von-Mises, FIGURE III.15-d et FIGURE III.16-d, permettent de vérifier si la déformation du matériau reste dans le domaine élastique, qui est une condition nécessaire pour l'application des méthodes d'homogénéisation inverse.

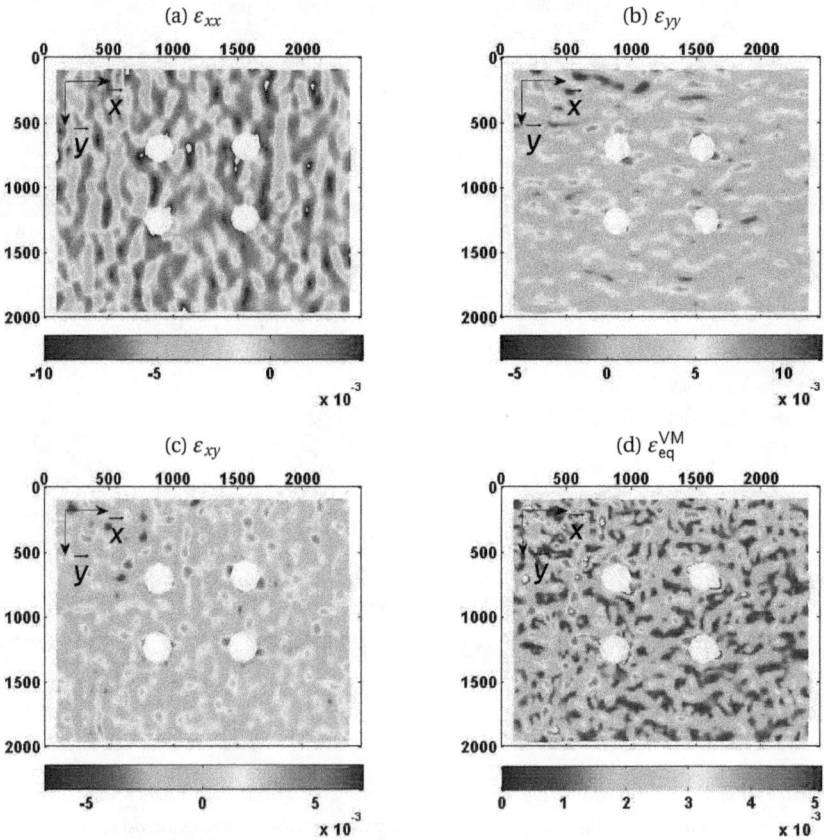

FIGURE III.15 – *Essai de traction uniaxiale monotone suivant $\vec{y}$ sur l'éprouvette « VIDEO-MECA-ZY4 N°80 » : champs de déformations ε_{xx} (a), ε_{yy} (b), ε_{xy} (c) et ε_{eq}^{VM} (d) pour une déformation macroscopique $E_{yy}= 0,27\%$ (zone considérée 590 x 494 μm^2 autour du micro-trou).*

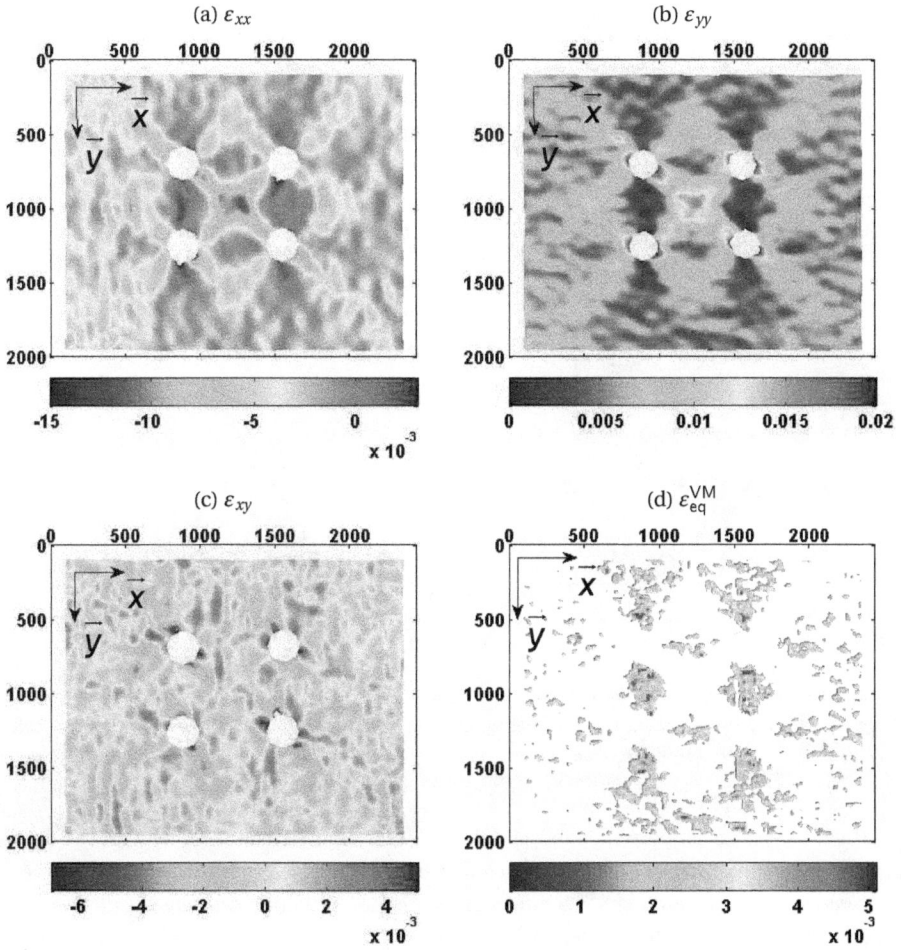

FIGURE III.16 – *Essai de traction uniaxiale monotone suivant* $\vec{y}$ *sur l'éprouvette « VIDEO-MECA-ZY4 N°80 » : champs de déformations* ε_{xx} *(a)*, ε_{yy} *(b)*, ε_{xy} *(c) et* ε_{eq}^{VM} *(d) pour une déformation macroscopique* $E_{yy}= 0{,}74\%$ *(zone considérée* 590×494 *μm^2 autour du micro-trou)*

Par la suite, les simulations en 2D et 3D par CAST3M des essais de traction uniaxiale des éprouvettes micro-percées seront réalisées. La loi de comportement unidimensionnelle du Zy-4 RXA
vierge identifiée dans le paragraphe 2.1.a sera utilisée pour ces simulations. Les conditions aux
limites les plus proches possibles de celles expérimentales seront utilisées. Ces simulations ont
pour objectif :

– Les champs cinématiques simulés en 2D, qui seront comparés aux champs expérimentaux
  mesurés par CIN-2D, permettront de vérifier la sensibilité des mesures par CIN-2D et d'estimer les erreurs dues aux mesures expérimentales lors de l'application de MHI,

– La simulation 3D permettra, quant à elle, de déterminer les zones où le matériau est dans un
  état de déformations planes.

c Simulation 2D - Qualification de sensibilité des mesures CIN-2D

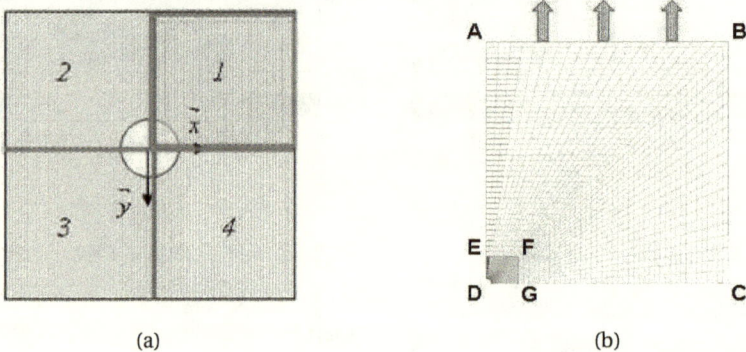

(a)   (b)

FIGURE III.17 – *Simulation 2D par le calcul aux éléments finis CAST3M de l'essai de traction uniaxiale sur
l'éprouvette modèle percée avec un micro-trou. (a) La zone modélisée DEFG (zone 1) est un quart de l'image
observée par la caméra. (b) Le chargement est appliqué au bord AB d'une surface ABCD plus large que la
surface DEFG*

Dans cette partie est présentée une simulation numérique bidimensionnelle proche des essais mécaniques en se concentrant sur la plaque percée avec un micro-trou. De part la géométrie
de l'éprouvette et les conditions aux limites imposées, la simulation est faite sur une partie de
l'éprouvette :

– La surface DEFG correspondant à 1/4 de la zone d'intérêt utilisée pour la CIN-2D, notée 1
  sur la FIGURE III.17-a, est incluse dans cette partie. La dimension de la surface DEFG est de
  0,295 x 0,247 mm^2,

– Du fait que la zone proche du micro-trou présente des déformations hétérogènes locales,
  afin d'appliquer les conditions aux limites adéquates, un déplacement imposé au bord AB
  de la surface ABCD (1,5 x 1,5 mm^2) a été choisi. Donc, un déplacement $\vec{u} = (-1,5 \text{ mm} \times E_{yy}) \vec{y}$
  appliqué au bord AB permet de simuler une déformation macroscopique E_{yy}.

Sur la FIGURE III.18-a est présenté le champ de déformations ε_{yy} de la zone (DEFG) simulé pour
une déformation macroscopique $E_{yy} = 0,74\%$ (domaine de déformation plastique). En observant

l'histogramme des déformations ε_{yy} sur toute la zone ABCD aux points de Gauss du maillage, FI-
GURE III.18-b, il s'avère que la moyenne des déformations est cohérente avec la déformation appliquée. Les autres zones, zones 2-3-4 dans la FIGURE III.17-a, présentent les propriétés symétriques
de la zone 1 par rapport aux deux axes de symétrie $\overrightarrow{x}$ et $\overrightarrow{y}$.

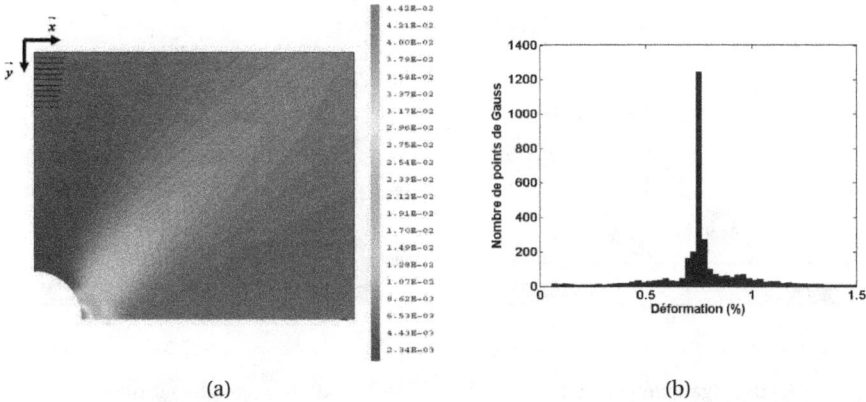

(a)   (b)

FIGURE III.18 – *Simulation par éléments finis CAST3M (a) et histogramme (b) du champ de déformations ε_{yy}
de la zone DEFG pour une déformation macroscopique* $E_{yy} = 0,74\%$

⊙ **Comparaison expérience/simulation 2D**
Afin d'examiner l'exactitude des mesures par CIN-2D, les champs de déformations expérimentaux
et ceux simulés par le calcul aux éléments finis sont maintenant comparés. Cette comparaison est
effectuée sur des figures présentant des niveaux de déformations macro et microscopiques au
delà de l'élasticité linéaire afin de pouvoir vérifier la précision de la loi de comportement élastoplastique du matériau.

Test de symétrie :   pour que la comparaison entre les champs de déformations simulés et expérimentaux soit cohérente, la symétrie des champs de déformations expérimentaux devrait être
testée. L'étude de défaut de la symétrie des champs de déformations expérimentaux permet d'estimer l'une des composantes des erreurs possibles lors de la comparaison entre les deux champs
expérimentaux et simulés. Afin de pouvoir comparer la symétrie des champs de déformations expérimentaux, l'erreur quadratique moyenne relative S_r qui est le rapport entre l'erreur quadratique
moyenne et la moyenne des déformations est utilisée :

$$S_r = \frac{\sqrt{\frac{1}{N}\sum_{i=1}^{N}(\varepsilon_i - \varepsilon_i')^2}}{\langle \varepsilon_j \rangle} \tag{III.73}$$

où ε_i et ε_i' sont les déformations symétriques par rapport à l'axe de symétrie et ε_j sont les déformations sur tout le champ. Ce critère a une forme proche du critère d'homogénéité des déformations
(Eq. III.31).

Sur la FIGURE III.19 sont présentées les différences des deux demi-champs de déformations ε_{xx} et ε_{yy} par rapport à deux axes de symétrie suivant $\vec{x}$ et $\vec{y}$ pour une déformation macroscopique $E_{yy} = 0,74\%$. Les différences obtenues sont relativement homogènes et l'erreur quadratique moyenne relative est d'environ 25%. Il s'avère que la symétrie par rapport aux deux axes est satisfaisante. Par conséquent, l'erreur de comparaison des deux champs de déformations expérimentaux et simulés est prévue d'être au delà de 25%.

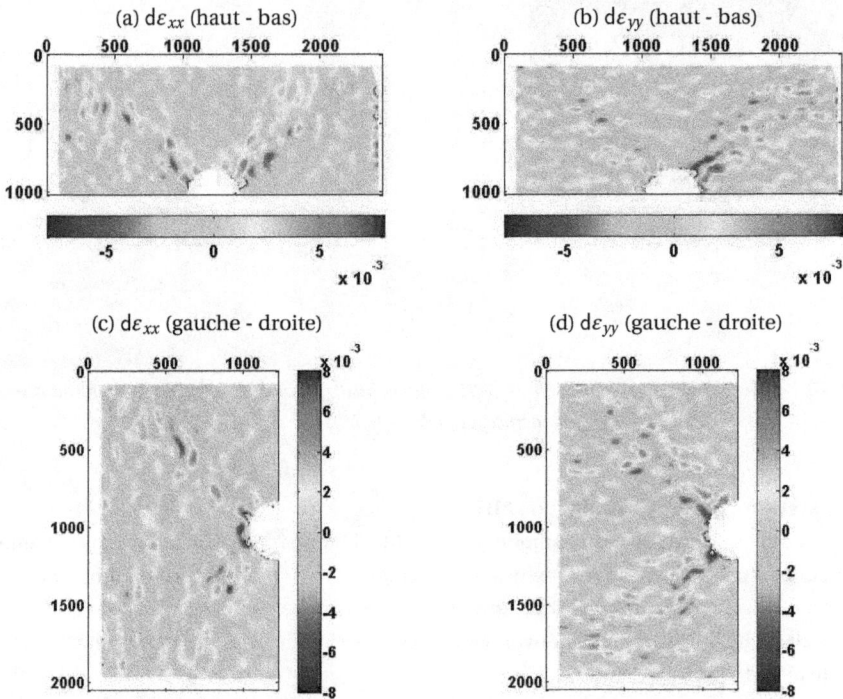

(a) $d\varepsilon_{xx}$ (haut - bas)

(b) $d\varepsilon_{yy}$ (haut - bas)

(c) $d\varepsilon_{xx}$ (gauche - droite)

(d) $d\varepsilon_{yy}$ (gauche - droite)

FIGURE III.19 – *Différence des deux demi-champs de déformations ε_{xx} et ε_{yy} par rapport à deux axes de symétrie suivant $\vec{x}$ et $\vec{y}$ dans le cas de l'éprouvette à un micro-trou (pour une déformation macroscopique $E_{yy} = 0,74\%$). L'erreur quadratique moyenne relative est d'environ 25%*

Comparaison des champs de déformations ε_{xx} :   sur la FIGURE III.20 est présentée la comparaison entre la composante ε_{xx} des champs de déformations expérimentaux et simulés pour une déformation macroscopique $E_{yy} = 0,74\%$ de l'éprouvette. La différence entre les deux champs de déformations dans la FIGURE III.20-c est obtenue en simulant le champ de déformations par une loi de comportement élastique linéaire, tandis que pour la FIGURE III.20-d on utilise une loi de comportement élastoplastique (cf. paragraphe 2.1.b). Sur la FIGURE III.20-c est présentée une forte hétérogénéité surtout dans les zones concentrées de fortes déformations, ce qui provient du fait que les plasticités locales ne sont pas prises en compte dans la simulation. Cette comparaison est caractérisée par l'erreur quadratique moyenne relative S_r d'environ 42%. Au contraire, la FIGURE III.20-d prend en compte le domaine de déformation plastique dans la simulation, une amélioration importante est constatée avec S_r d'environ 31%.

Comparaison des champs de déformations ε_{yy} **:** de même pour la comparaison des champs de déformations ε_{yy} expérimentaux et simulés, il s'avère qu'une loi de comportement élastoplastique est plus adaptée et donne des différences entre les deux champs assez homogènes. Sur les figures III.21-c-d sont présentées les différences entre ces deux champs en utilisant respectivement des lois de comportement élastique linéaire (c) et des lois de comportement élastoplastique (d). Les erreurs S_r obtenues sont respectivement de 54% et 20%.

Conclusion : les erreurs S_r de la comparaison des champs de déformations ε_{xx} et ε_{yy} ci-dessus sont la combinaison des erreurs dues à la fois à la limite de mesure de corrélation d'images ($c_v \approx$ 5%), au défaut de symétrie des champs de déformations expérimentaux ($S_r \approx 25\%$) et aussi à l'hypothèse de déformations planes utilisée dans la simulation numérique. Les erreurs S_r obtenues, qui sont égales à 31% pour ε_{xx} et 20% pour ε_{yy}, sont de l'ordre de la somme des erreurs composantes décrites ci-dessus. Cela permet de qualifier la précision de mesure de déformations hétérogènes des éprouvettes micro-percées par CIN-2D.

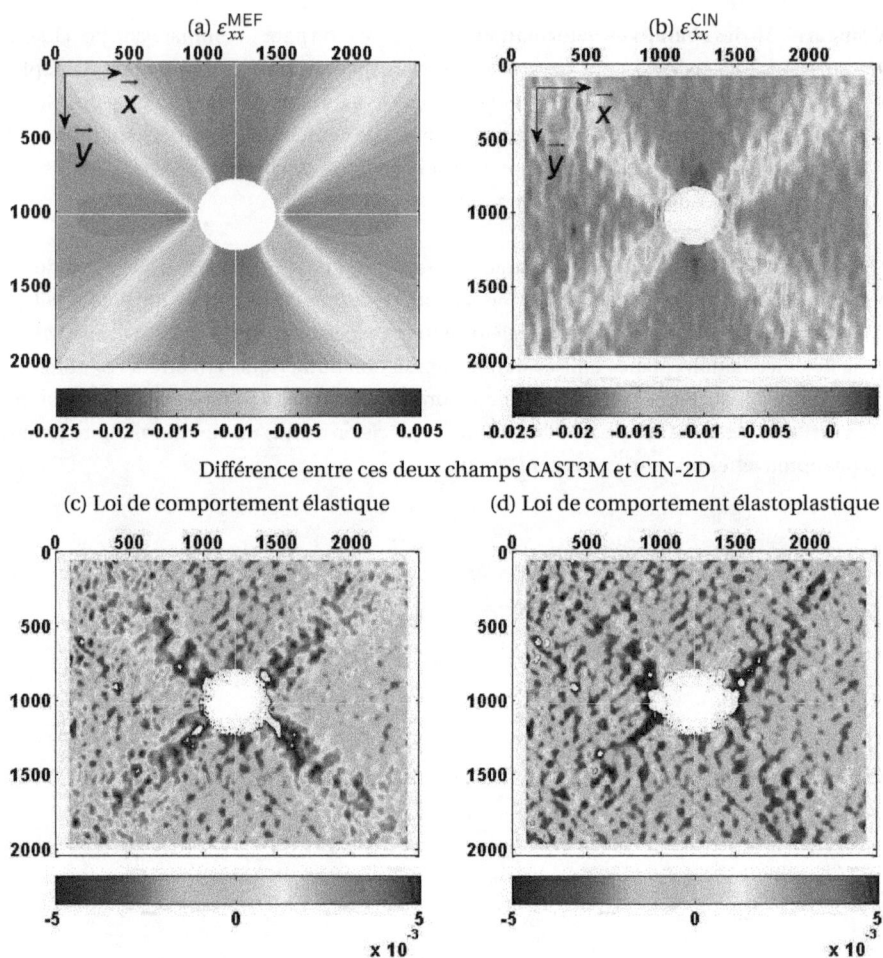

FIGURE III.20 – *Comparaison des champs de déformations ε_{xx} obtenus par CAST3M et CIN-2D pour pour une déformation macroscopique $E_{yy} = 0,74\%$. (a) Champ de déformations modélisé par CAST3M. (b) Champ de déformations mesuré expérimentalement par CIN-2D. Différence entre les deux champs de déformations : (c) en utilisant une loi de comportement élastique linéaire, (d) en utilisant une loi de comportement élastoplastique*

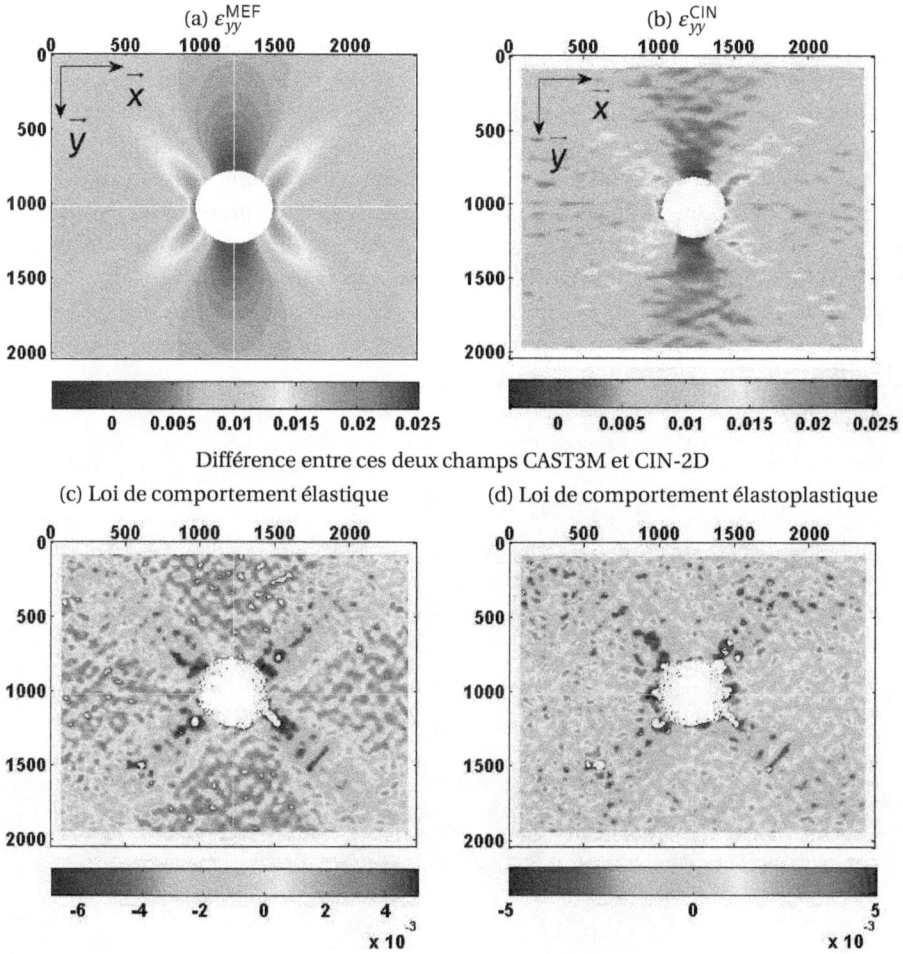

FIGURE III.21 – *Comparaison des champs de déformations ε_{yy} obtenus par CAST3M et CIN-2D pour pour une déformation macroscopique $E_{yy} = 0,74\%$. (a) Champ de déformations modélisé par CAST3M. (b) Champ de déformations mesuré expérimentalement par CIN-2D. Différence entre les deux champs de déformations : (c) en utilisant une loi de comportement élastique linéaire, (d) en utilisant une loi de comportement élastoplastique*

d   Simulation 3D - Critère de déformations planes

Du fait que la technique CIN-2D permet de mesurer uniquement des composantes planes des champs cinématiques, le matériau devrait être en état de déformations planes. Dans le cas des éprouvettes micro-percées, l'éprouvette en forme de plaque mince (dimension de la zone utile : 3 x 15 x 0,437 mm³) présente macroscopiquement un état de contraintes planes sur la surface observée [58]. Cependant avec la présence du micro-trou, la partie matérielle située au voisinage du micro-trou peut présenter localement des états mécaniques plus complexes dans lesquels seuls les comportements surfaciques sont mesurables par CIN-2D. L'objectif est ici de déterminer dans quelle zone de la surface observée le matériau est dans un état de déformations planes.

Dans ce contexte, une simulation 3D de 1/8ème de l'éprouvette percée avec un micro-trou et soumise à un essai de traction uniaxiale est effectuée, FIGURE III.22. L'éprouvette simulée présente les mêmes propriétés mécaniques que l'éprouvette Zy-4 RXA vierge. Un déplacement suivant la direction de traction $\vec{y}$ de 30 µm est appliqué sur la tige passant par le trou percé situé à la tête de l'éprouvette. Avec ce déplacement, l'éprouvette présente une déformation macroscopique $E_{yy} = \frac{0,03}{15}$ égale à 0,2%. Pour une telle déformation, l'éprouvette est dans le domaine des déformations élastiques linéaires.

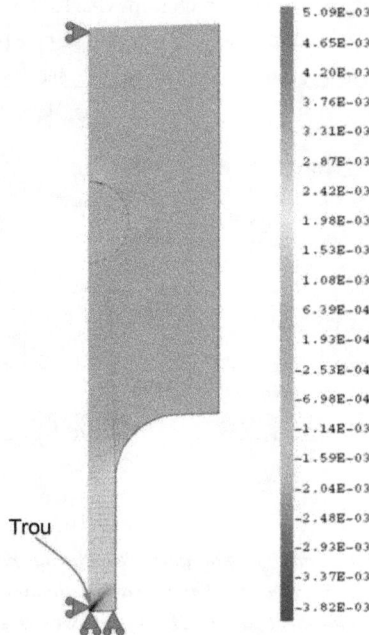

FIGURE III.22 – *Champ de déformations axiales ε_{yy} suivant le sens de traction de 1/8ème d'une éprouvette micro-percée*

En calculant la moyenne des critères combinés $\psi = \dfrac{\vartheta}{\zeta}$ (cf. paragraphe 2.2.a) dans les zones situées au voisinage du micro-trou de rayon R, FIGURE III.23-a, il est possible d'obtenir l'évolution du critère des déformations planes en fonction de dimension de la zone considérée, FIGURE III.23-b. Il s'avère que la condition de déformations planes est respectée avec un critère $\psi > 1$ pour une zone circulaire de rayon 0,2 mm autour du micro-trou, ce qui représente approximativement 2/5 de la surface de la zone rectangulaire observée au microscope lors des essais. Ces zones sont donc à retenir pour la suite dans le calcul des champs cinématiques mécaniques servant à qualifier les méthodes MHI.

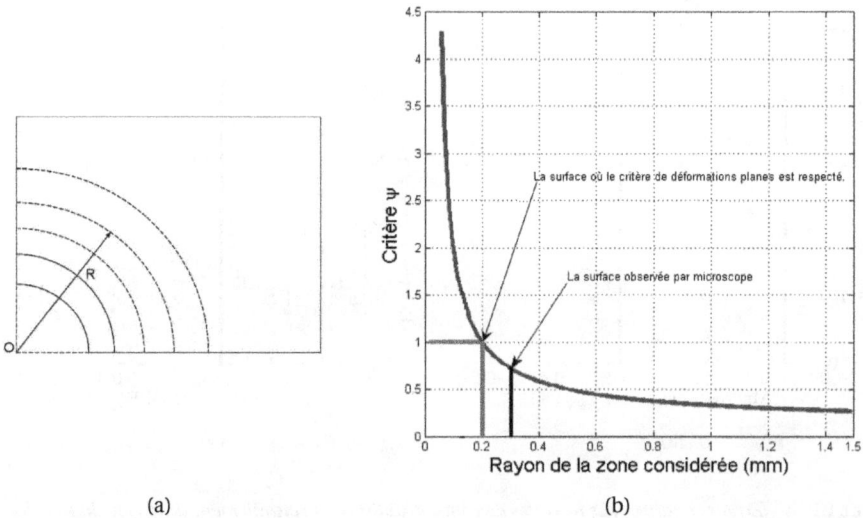

(a)   (b)

FIGURE III.23 – *Moyennes des critères ψ en fonction des zones de surface variante situées au voisinage du micro-trou*

2.3 Incertitude « expérimentale » de la méthode d'homogénéisation inverse

Dans cette partie, les méthodes d'identification inverse N°2 et N°3 sont qualifiées à partir d'éprouvettes modèles percées avec un et quatre micro-trous. Afin de respecter la condition de déformations planes, les champs cinématiques retenus sont déterminés sur les zones satisfaisant le critère $\psi > 1$. Les propriétés mécaniques de la matrice identifiées par MHI N°2 et N°3 seront comparées à celles du Zy-4 RXA vierge, TABLE III.4 :

	E_1 (GPa)	ν_1	k_1 (GPa)	μ_1 (GPa)
Matrice Zy-4 RXA	101,5	0,35	112,8	37,6

TABLE III.4 – *Caractéristiques mécaniques de la matrice en Zircaloy-4 RXA vierge*

Les MHI N°2 et N°3 nécessitent la connaissance de la contrainte macroscopique appliquée aux bords de la zone observée (la cellule contenant l'inclusion). En se plaçant dans le cas d'essai de traction uniaxiale, la contrainte macroscopique appliquée au loin Σ_{yy}^{∞} (enregistrée par la machine d'essai) est ici supposée être identique à celle appliquée aux bords de la zone observée. Cette hypothèse peut conduire à des erreurs supplémentaires dans l'identification inverse des propriétés mécaniques par phase.

a   Identification inverse par la méthode N°2

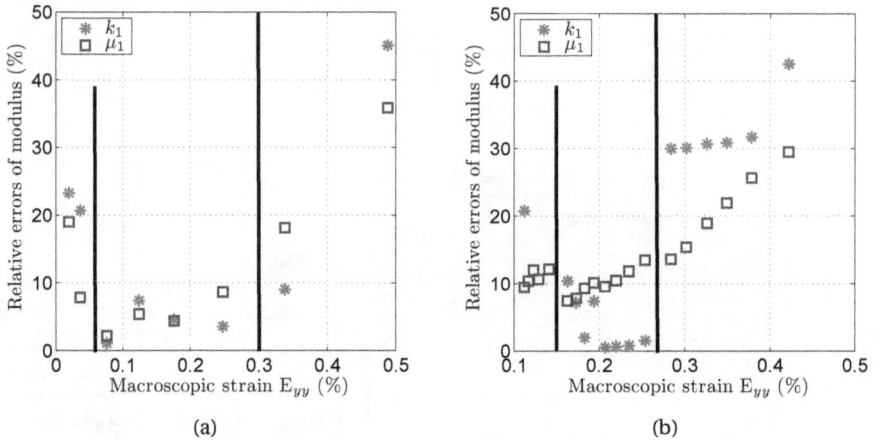

(a)   (b)

FIGURE III.24 – *Erreurs relatives des modules de compressibilité et de cisaillement (k_1, μ_1) de la matrice estimés par la méthode N°2 : (a) une inclusion poreuse cylindrique (f_2 = 5%), (b) quatre inclusions poreuses cylindriques (f_2 = 6%)*

Sur la FIGURE III.24 est présentée l'évolution des erreurs relatives des propriétés mécaniques (k_1, μ_1) de la matrice estimées par la méthode N°2 en fonction des déformations macroscopiques appliquées :
- Pour des déformations faibles inférieures à 0,1% (au début de la traction), la technique de CIN atteint sa limite de sensibilité due au bruit numérique, des erreurs importantes des propriétés mécaniques identifiées sont observées,
- Pour des déformations plus importantes, au-delà de 0,3%, la plasticité apparait localement dans les zones proches des micro-trous, les erreurs relatives présentées sont aussi relativement importantes. Une remarque est que le passage en déformations plastiques se passe plus tôt pour l'éprouvette percée avec quatre micro-trous que pour l'éprouvette percée avec un micro-trou, ce qui peut être expliqué par l'interaction des micro-trous,
- Dans le domaine de déformations le plus favorable, comprises entre 0,1% et 0,3%, les modules k_1 et μ_1 estimés s'avèrent plus précis avec des erreurs relatives inférieures à 10-12%.

Lors de la présence de plusieurs micro-trous, l'hétérogénéité des déformations est plus importante, cela explique les écarts légèrement plus importants dans ce cas. Comparé à l'identification inverse à partir de données simulées à la même fraction volumique $f_2 \sim 5\%$, celle qui présente des erreurs relatives d'environ 2% (voire paragraphe III.1.3.c), l'identification inverse à partir de don-nées expérimentales garde encore une bonne précision. L'incertitude expérimentale plus grande vient peut-être du fait que : 1/ l'incertitude de propriétés mécaniques du Zy-4 RXA vierge servant de référence ; 2/ le choix délicat de la zone présentant relativement un état de déformations planes avec le critère $\psi > 1$; 3/ erreur de mesure par corrélation d'images numériques.

b Identification inverse par la méthode N°3

Sur la FIGURE III.25 sont présentées les erreurs relatives des propriétés mécaniques de la ma-trice estimées par la MHI N°3. Des erreurs de l'ordre de 20% (resp. 15%) pour l'éprouvette à un micro-trou (resp. l'éprouvette à quatre micro-trous) sont constatées. Les estimations par la mé-thode N°3 présentent ainsi une précision inférieure à celles obtenues par la méthode N°2. Cette imprécision de la méthode N°3 vient du fait qu'elle ne tient pas compte de la distribution des phases contrairement la méthode N°2.

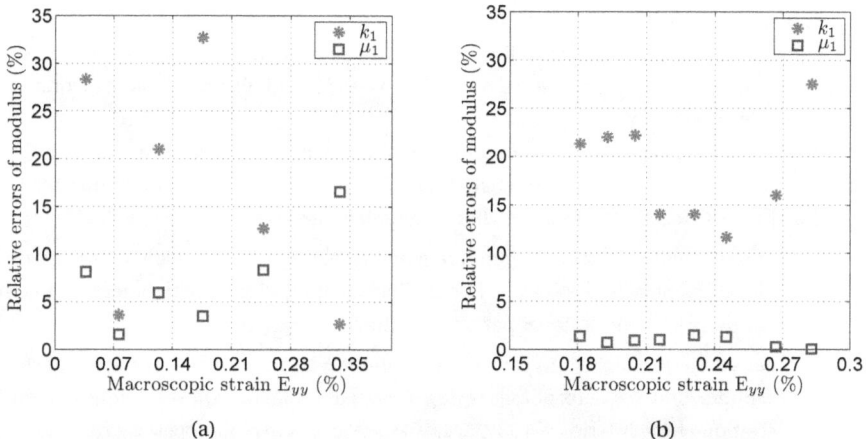

(a)   (b)

FIGURE III.25 – *Erreurs relatives des modules de compressibilité et de cisaillement (k_1, μ_1) de la matrice es-timés par la méthode N°3 : (a) une inclusion poreuse cylindrique ($f_2 = 5\%$), (b) quatre inclusions poreuses cylindriques ($f_2 = 6\%$)*

Comme attendu, une meilleure connaissance de la physique du matériau, à savoir la prise en compte de la distribution des phases, améliore l'identification des propriétés mécaniques de la matrice. La MHI N°2 basée sur l'estimation de Mori-Tanaka est donc retenue dans l'étude des matériaux poreux.

Conclusion

1. Dans ce chapitre, le principe des trois méthodes d'homogénéisation inverse (MHI) a été présenté. Pour un matériau contenant deux phases isotropes homogènes dont les propriétés mécaniques d'une phase sont connues, les méthodes MHI envisagées permettent d'identifier les propriétés mécaniques de l'autre phase à partir de données expérimentales mesurées. Les deux premières méthodes N°1 et N°2 sont basées sur le modèle d'homogénéisation de Mori-Tanaka et concernent spécifiquement les milieux aléatoires. La méthode la plus simple N°3, quant à elle, est applicable à tous types de matériaux. La méthode N°1 considère des matériaux à inclusions élastiques, tandis que les méthodes N°2 et N°3 considèrent des matériaux poreux. Les deux méthodes N°1 et N°2 sont appliquées aux cas où :
   - la fraction volumique des inclusions est faible (<20%),
   - les deux phases sont dans le domaine de déformation élastique linéaire,
   - la déformation des inclusions est homogène,
   - la distribution des phases est aléatoire.

2. La qualification des méthodes MHI a été effectuée à partir de données simulées (CAST3M) et également de celles expérimentales (CIN) dans les conditions relativement favorables du domaine d'application :
   - La simulation permet d'examiner toutes les situations des méthodes MHI. De plus, la simulation permet de générer les champs cinématiques sans bruit et de garantir une faible fraction des inclusions. Les conclusions à retenir sont :
     * une plus faible fraction volumique d'inclusions ou un plus faible contraste mécanique des phases (k_2/k_1 dans le cas d'inclusion élastique) augmentent la précision des propriétés mécaniques par phase estimées.
     * dans le cas des inclusions élastiques (méthode N°1) : à condition que le contraste mécanique entre les deux phases reste inférieur à 5 et la fraction volumique d'inclusion élastique reste inférieur à 20% (à savoir que le critère d'homogénéité c_v est inférieur à 10%), les erreurs relatives des propriétés mécaniques estimées sont inférieures à 10% (resp. 5%) pour le composite à inclusion sphérique (resp. cylindrique),
     * dans le cas des inclusions poreuses (méthodes N°2 et N°3) : à condition que la fraction volumique de l'inclusion reste inférieure à 20%, les erreurs relatives des propriétés mécaniques estimées par la méthode N°2 sont inférieures à 5%. Dans les mêmes conditions, les erreurs de la méthode N°3 sont plus importantes, ~ 6 fois.
   - Les champs cinématiques expérimentaux, qui sont obtenus à partir d'essais de traction uniaxiale sur les éprouvettes percées avec un et quatre micro-trous, permettent d'examiner les méthodes N°2 et N°3. L'identification des propriétés mécaniques par phase est réalisée dans les conditions relativement proches du problème d'Eshelby :
     * lorsque la déformation macroscopique du matériau est faible (inférieure à la limite de sensibilité de mesure par CIN) ou importante (avec la présence de plasticité locale), les erreurs relatives des propriétés mécaniques estimées sont relativement importantes,

* dans les conditions favorables en déformation, des erreurs relatives d'environ 10% (resp. 20%) des valeurs estimées par la méthode N°2 (resp. N°3) sont constatées. L'identification par la méthode N°2 est plus précise que par la méthode N°3.

Zircaloy-4 oxydé à l'issue d'un scénario APRP

Introduction

Le double objectif de la thèse est d'une part de pouvoir évaluer des champs cinématiques de bonne qualité à l'échelle micrométrique des éprouvettes Zy-4 RXA oxydées, et d'autre part d'utiliser ces champs pour qualifier la méthode d'homogénéisation inverse. Pour ce faire, le chapitre II a examiné la méthode de mesure de champs par corrélation d'images numériques en proposant des paramètres favorables de calcul. Le chapitre III a permis de qualifier les méthodes MHI à partir de simulation numérique et également des données expérimentales au cas des matériaux modèles à inclusions poreuses. Dans ce chapitre, la méthode MHI continue d'être qualifiée à partir d'éprouvettes Zy-4 RXA oxydées qui présentent à cœur une microstructure hétérogène, constituée d'inclusions $\alpha(O)$ noyées dans la matrice ex-β. La MHI N°1 qui étudie des matériaux à inclusions élastiques est ici qualifiée.

Dans la $1^{\text{ère}}$ partie de ce chapitre, la préparation des échantillons Zy-4 oxydés sera tout d'abord présentée. La distribution et les propriétés mécaniques des phases $\alpha(O)$ et ex-β seront par la suite déterminées.

Dans la $2^{\text{ème}}$ partie, à partir d'essais de traction uniaxiale, les comportements hétérogènes des éprouvettes Zy-4 oxydées mesurés par CIN permettront d'examiner la MHI N°1. A la fin, la performance de la MHI est vérifiée en la comparant avec la méthode de recalage par éléments finis [56, 81], qui est également une méthode d'identification des propriétés mécaniques par phase dans des milieux hétérogènes.

1 Préparation et caractérisation du Zircaloy-4 oxydé

1.1 Préparation des éprouvettes de scénario APRP

Les éprouvettes examinées dans cette partie doivent satisfaire au mieux deux critères :
- avoir des propriétés du gainage Zy-4 ayant subi un transitoire APRP : matériau composite présentant à cœur une microstructure biphasée matrice ex-β/inclusions $\alpha(O)$,
- se rapprocher du modèle de Mori-Tanaka : inclusions de faible fraction volumique présentant une distribution homogène (spatiale ou surfacique) dans la matrice.

Pour ce faire, une série de traitements thermochimiques est appliquée aux éprouvettes Zy-4 RXA vierges :

1. « Pré-oxydation à basse température » : la pré-oxydation des échantillons Zy-4 sous oxygène à basse température (500 °C) est effectuée pour simuler la création d'une faible couche de zircone ZrO_2 quand les échantillons sont en contact avec l'eau pressurisée (155 bars, 360 °C),

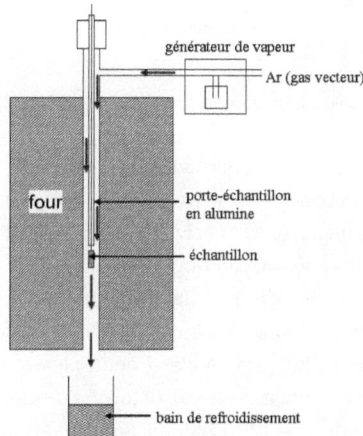

générateur de vapeur

Ar (gas vecteur)

four

porte-échantillon en alumine

échantillon

bain de refroidissement

FIGURE IV.1 – *Four vertical utilisé pour l'oxydation à haute température sous vapeur d'eau*

2. « Oxydation à haute température » : sur la FIGURE IV.1 est présenté le four où les éprouvettes pré-oxydées sont ensuite oxydées à haute température sous vapeur d'eau et suivie d'une trempe afin de simuler le renoyage rapide du cœur. La température d'oxydation est choisie dans le domaine « jaune » du diagramme d'équilibre pseudo-binaire $Zy - 4/O$, FIGURE IV.2, afin de pouvoir créer une zone biphasée $\alpha(O)$+ex-β à cœur de l'échantillon. L'exemple des microstructures des échantillons Zy-4 après certains scénarios d'oxydation est illustré dans la FIGURE IV.3. L'échantillon N°83 est retenu pour la suite du fait qu'il répond au mieux aux deux critères à viser. Cependant, la taille relativement petite des inclusions de l'échantillon N°83 peut influencer la précision des mesures par corrélation d'images,

3. « Recuit à haute température » : après oxydation, un recuit des échantillons Zy-4 à haute température peut être effectué. Le recuit est réalisé sous vide primaire (10^{-2} Pa) dans une

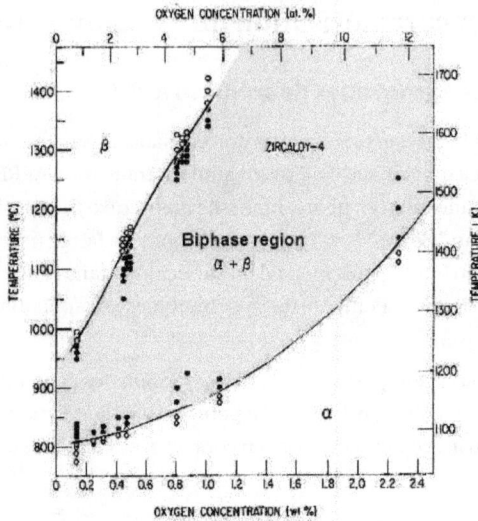

FIGURE IV.2 – *Diagramme d'équilibre pseudo-binaire Zircaloy-4/Oxygène, côté riche en Zr [20]*

ampoule scellée en quartz. Le recuit permet en même temps d'homogénéiser la teneur en oxygène par phase dans la zone biphasé $\alpha(O)$+ex-β, d'augmenter la taille de la couche biphasée et également des inclusions $\alpha(O)$. Le 1er but permet d'obtenir un domaine biphasé à cœur présentant les propriétés mécaniques par phases plus homogènes. Alors que le 2ème permet d'augmenter la ductilité du matériau en réduisant la couche de zircone fragile, et donc de conduire aux déformations plus importants (au-delà de la limite de l'ordre de 10^{-3} de CIN). Le 3ème but, quant à lui, permet d'augmenter le nombre des points analysés dans les inclusions, ce qui conduit aux mesures de déformations locaux par CIN plus précises.

Le choix du temps de recuit devrait satisfaire le compromis des trois buts décrits ci-dessus où le 3ème but est la priorité la plus importante. La durée optimale d'un recuit est estimée à l'aide d'un pré-calcul DIFFOX, un programme développé pour l'IRSN [4, 34]. La durée optimale estimée dépend de l'épaisseur de l'échantillon. La température de recuit doit être comprise entre 900°C et 1000°C pour une quantité d'oxygène introduite d'environ 1% en masse, elle doit être plus importante pour une quantité plus élevée, FIGURE IV.2. Certains profils de concentration d'oxygène obtenus par DIFFOX et les microstructures correspondantes obtenues par recuit sont présentés :

– sur la FIGURE IV.4 (échantillon N°62) : à 900°C, après 40 heures de recuit, le profil est assez homogène,

– sur la FIGURE IV.5 (échantillons N°68 et N°69) : à 950°C, l'homogénéité est satisfaisante après 6 heures de recuit,

– sur la FIGURE IV.6 (échantillon N°81) : à 1000°C, après 2h de recuit, le profil est encore hétérogène.

Pré-oxydation		Oxydation		%mass. O	Microstructure
T($°$C)	t(jours)	T($°$C)	t(secondes)		
non	non	1100	115	1,9%	 VIDEO-MECA-ZY4-N°21
non	non	900	6000	2,4%	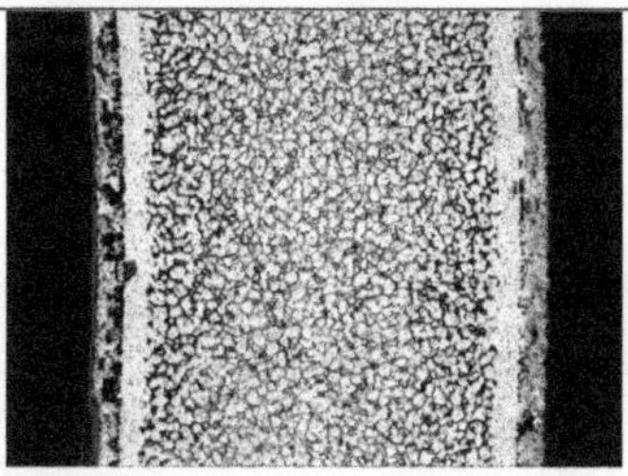 VIDEO-MECA-ZY4-N°32
500	12	900	6000	0,9%	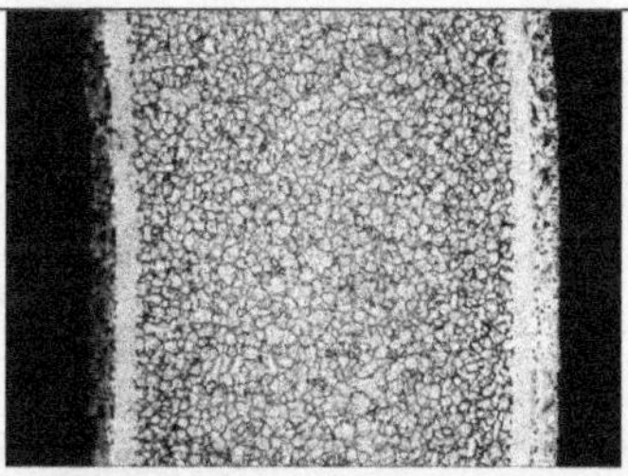 VIDEO-MECA-ZY4-N°37
470	30	900	6000	4,89%	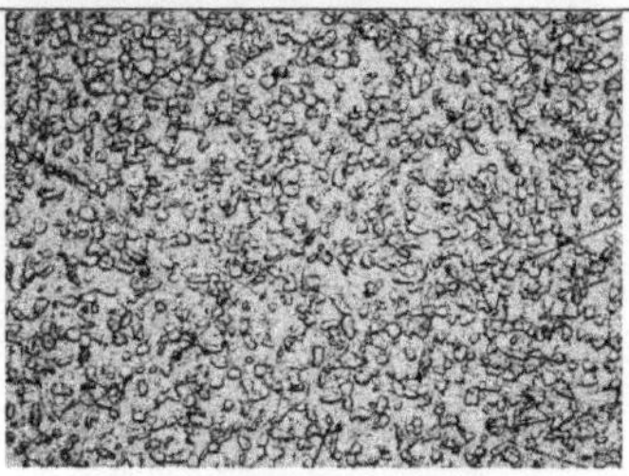 VIDEO-MECA-ZY4-N°83

FIGURE IV.3 – *Microstructure des éprouvettes après l'oxydation à haute température sous vapeur d'eau suivie d'une trempe. Les images sont de dimension 696x516 μm. Les éprouvettes n°21 et n°83 : microstructures obtenues après polissage. Les éprouvettes n°32 et n°37 : microstructures obtenues après polissage suivi d'une attaque chimique (0,1%HF+99%H_2O pendant 60 secondes)*

En observant les microstructures homogénéisées, il est constaté que le recuit ne permet pas d'augmenter la taille de la couche biphasée à cœur des échantillons. Les inclusions $\alpha(O)$ des échantillons N°68 et N°69 (FIGURE IV.5) sont quasi-percolantes, alors que celles des échantillons N°62 (FIGURE IV.4) et N°81 (FIGURE IV.6) ne sont pas percolantes et présentent des formes variables et assez allongées dans l'épaisseur de l'échantillon. De plus, il est noté que 1000 ppm d'hydrogène pré-chargé dans le seul échantillon N°62 peut augmenter la fragilité de l'échantillon après une longue durée de recuit (~ 40 heures) [35]. Donc, l'échantillon N°81 est choisi pour la suite du fait du fait qu'il garde encore une certaine ductilité due au temps de recuit court (~ 2 heures). Afin d'étudier le comportement de la couche biphasée présentée à cœur de l'échantillon, un polissage mécanique est envisagé pour enlever la couche $\alpha(O)$ extérieure.

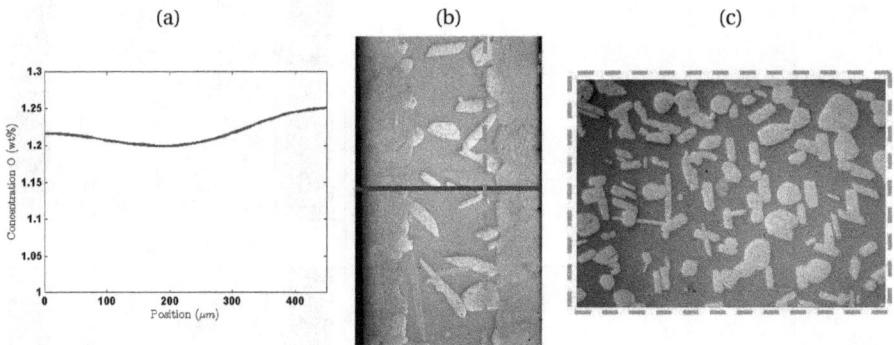

FIGURE IV.4 – « VIDEO-MECA-ZY4-N°62 » plaque chargée 1000 ppm H + oxydation à 900°C 200s (→ 1,08 %mass. O) + recuit sous vide à 900°C 40h + trempe : (a) profil de concentration d'oxygène calculé par le code DIFFOX suivant l'épaisseur « bleu » de la plaque, (b) microstructure de la tranche, (c) microstructure correspondante à la ligne de coupe « orange »

1.2   Caractérisation de teneur en oxgène et de la distribution des phases

Ce paragraphe permet de caractériser la teneur en oxygène et la distribution des phases dans la zone biphasée $\alpha(O)$ et ex-β des échantillons N°81 et N°83 choisis.

a   Teneur en oxgène

Après avoir subi des traitements thermochimiques, l'évolution de la prise de masse en oxygène (mesures de changement de la dimension et de la masse) et l'analyse à la microsonde électronique permettent de déterminer respectivement la teneur massique totale en oxygène et sa répartition dans l'épaisseur de l'échantillon. Cependant, l'analyse par prise de masse ne permet pas d'étudier la zone biphasé $\alpha(O)$/ex-β à cœur de l'échantillon N°83, puisque l'échantillon N°83 qui n'est pas subi un recuit présente la concentration en oxygène surtout dans les couches de zircone ZrO_2 et

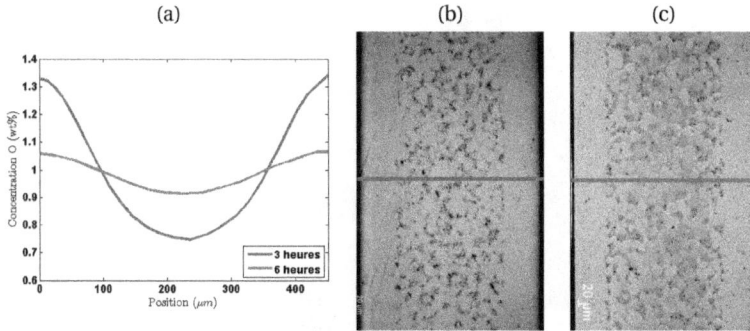

FIGURE IV.5 – *(a) profil de concentration d'oxygène calculé par le code DIFFOX suivant l'épaisseur « verte »*
et « rouge » des plaque « VIDEO-MECA-ZY4-N°68 (b) et N°69 (c) ». (b) microstructure d'une plaque Zy-4 RXA
vierge + oxydation à 900°C 100s (→ 0,7 %mass. O) + recuit sous vide à 950°C 3h + trempe. (c) microstructure
d'une plaque Zy-4 RXA vierge + oxydation à 900°C 50s (→ 0,56 %mass. O) + recuit sous vide à 950°C 6h +
trempe

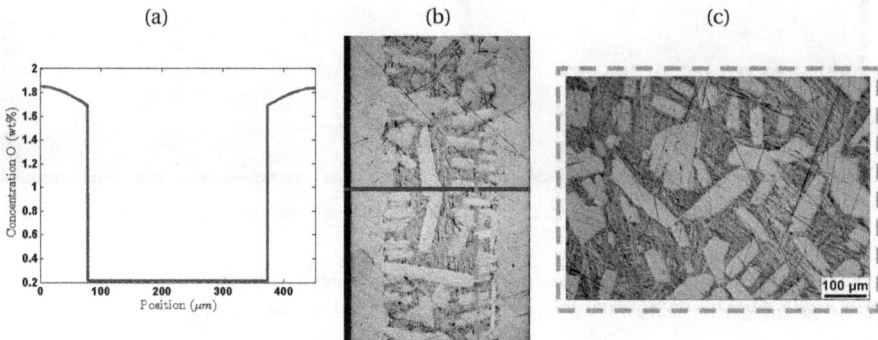

FIGURE IV.6 – *« VIDEO-MECA-ZY4-N°81 » plaque Zy-4 RXA vierge + oxydation à 900°C 100s (→ 0,8 %mass.*
O) + recuit sous vide à 1000°C 2h + trempe : (a) profil de concentration d'oxygène calculé par le code DIFFOX
suivant l'épaisseur « bleu » de la plaque, (b) microstructure de la tranche, (c) microstructure correspondante
à la ligne de coupe « orange »

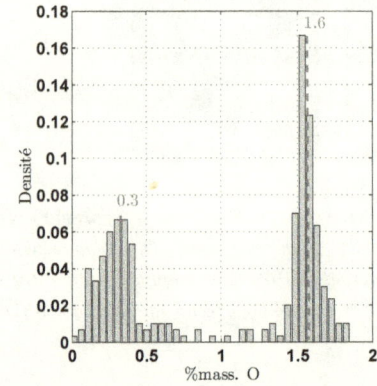
(a)

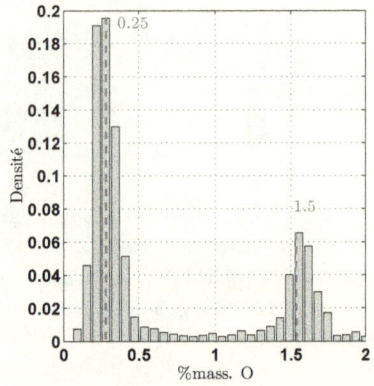
(b)

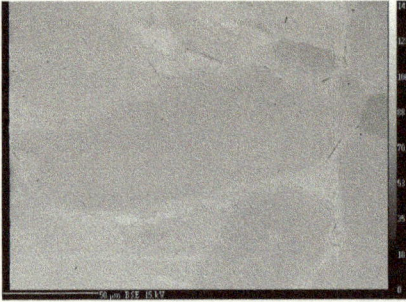
(c)

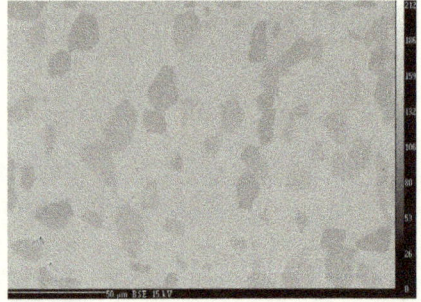
(d)

FIGURE IV.7 – *Histogrammes de distribution de la teneur massique en oxygène des éprouvettes VIDEO-MECA-ZY4-N81 (a) et VIDEO-MECA-ZY4-N83 (b) mesurés par microsonde électronique sur les zones biphasées (c) et (d)*

de phase $\alpha(O)$ à l'extérieur. Donc, la mesure locale par microsonde électronique joue ici un rôle plus importante.

Sur la FIGURE IV.7 sont présentés les histogrammes de la teneur massique en oxygène mesurée à la microsonde électronique sur la zone biphasée des échantillons. Les histogrammes permettent de constater la présence des deux phase caractérisées par les différentes teneurs en oxygène. Pour l'échantillon N°81 (resp. N°83), les teneurs massiques en oxygène dans les deux phases ex-β et $\alpha(O)$ sont respectivement de 1,6% et de 0,3% (resp. 0,25% et 1,5%). Du fait que les phases contiennent des différentes teneurs en oxygène, elles présentent également des différentes propriétés mécaniques [65, 14].

b Covariogramme

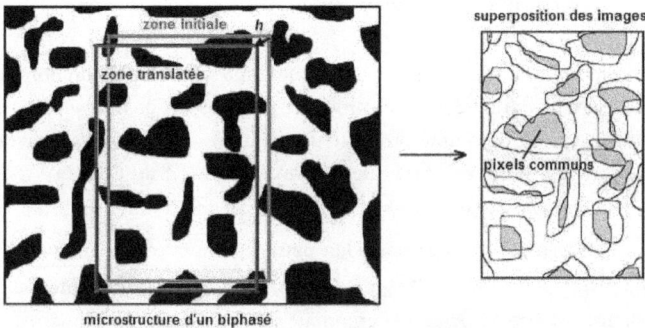

FIGURE IV.8 – *Covariance à deux points suivant la direction $\vec{h}$*

Afin de caractériser la distribution des phases dans un matériau composite, une méthode statistique basée sur le calcul de la covariance est utilisée. Dans le cas d'étude considérée, l'échantillon est un matériau biphasé constitué d'inclusions $\alpha(O)$ noyées dans la matrice ex-β. Une image binaire de section plane D de ce matériau est composée alors de deux ensembles aléatoires : l'ensemble A des inclusions, ainsi que son complémentaire A^C de la matrice. La distribution des inclusions peut être caractérisée à partir du calcul de covariance statistique à deux points Cov_{ii} pour les différentes valeurs de $\vec{h}$ [12] :

$$Cov_{ii}\left(\vec{x}, \vec{x} + \vec{h}\right) = P\left\{\vec{x} \in A, \vec{x} + \vec{h} \in A\right\}. \tag{IV.1}$$

La covariance dépend seulement du vecteur $\vec{h}$ (par son module $\|h\|$ et son orientation ϕ) et s'écrit $Cov_{ii}\left(\vec{h}\right)$ pour tout $\vec{x} \in D$ et $\vec{h}$ fixé dans une direction particulière. L'origine $\|\vec{h}\| = 0$ est définie au centre de l'image.

Par exemple, la covariance suivant la direction $\vec{h}$ d'une surface ayant la distribution des phases illustrée sur la FIGURE IV.8 est ici caractérisée. Comme observé sur la FIGURE IV.9, la courbe de covariance prend la valeur f_2 à $\|\vec{h}\|=0$. A cette position initiale, le nombre de pixels en commun dans les deux images est maximal. La covariance décroît ensuite rapidement, ce qui correspond à l'augmentation du décalage entre les deux images analysées, les domaines des inclusions dans deux

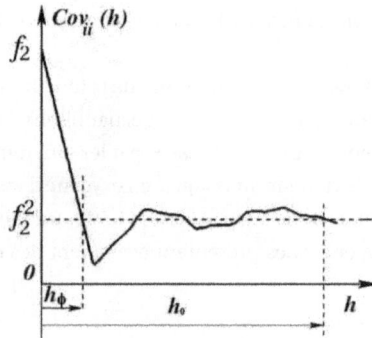

FIGURE IV.9 – *Informations fournies par une covariogramme*

images sont de moins en moins en phase, et donc une diminution rapide du nombre de pixels en commun. Ensuite, selon la nature de la répartition des inclusions, de nouvelles correspondances peuvent apparaître : le covariogramme présente une phase oscillante mais avec des amplitudes faibles. La courbe converge enfin vers une valeur asymptotique f_2^{∞} au-delà de $\| \vec{h} \| > \| \vec{h} \|_0$.

L'analyse d'une telle covariance $Cov_{ii}\left(\vec{h} \right)$ permet d'avoir de nombreuses indications :

– Pour $\| \vec{h} \| = 0$, $Cov_{ii}(0) = f_2$ correspond à la valeur de <u>la fraction surfacique</u> de l'ensemble A.

– Pour $\| \vec{h} \| = \| \vec{h} \|_{\phi}$, $Cov_{ii}\left(\vec{h}_{\phi} \right) = Cov_{ii}(\infty) = f_2^2$ correspond à <u>la portée intégrale</u> de l'ensemble A. Cette valeur peut être associée à la grandeur caractéristique de la microstructure dans la direction ϕ.

– Pour différentes valeurs de ϕ, la similarité (resp. la différence) entre les covariogrammes, permet de conclure quant à <u>l'isotropie (resp. l'anisotropie)</u> de la microstructure.

– Distribution de l'ensemble A. Par exemple, cela revient à détecter si les grains qui constituent un matériau sont distribués de façon <u>aléatoire ou périodique</u> : si périodicité il y a, elle doit se retrouver dans les courbes de covariance.

c Covariance des échantillons Zy-4 oxydés

Le calcul de covariance permet maintenant de caractériser la distribution des inclusions $\alpha(O)$ à la surface des échantillons N°81 et N°83. Les inclusions présentent des tailles différentes dans les deux échantillons, allant de l'ordre de 100 µm pour l'échantillon N°81 à près de 10 µm pour l'échantillon N°83. Sur les figures IV.10 (c), (d), (e) et (f) sont respectivement présentés les cova-riogrammes 2D et 1D de la distribution des inclusions. L'origine $\| \vec{h} \| = 0$ permet de déterminer la fraction surfacique des inclusions respectivement de 44% pour N°81 et 33% pour N°83. Les co-variances pour différentes valeurs de ϕ, quant à elles, permettent de constater que la distribution des inclusions est aléatoire. Parmi les deux, l'isotropie surfacique de l'échantillon N°81 est relative-ment délicate, alors que l'échantillon N°83 présente une distribution quasi-isotrope avec la taille caractéristique des inclusions d'environ de 15 µm.

Du fait que les inclusions de l'échantillon N°81 sont assez allongées dans l'épaisseur de l'éprouvette (FIGURE IV.6-b), l'hypothèse d'inclusion cylindrique est utilisée dans ce cas, et donc la fraction volumique des inclusions est égale à la fraction surfacique (44%). L'échantillon N°83, quant à lui, présente une distribution isotropie des inclusions, la fraction volumique est aussi égale à la fraction de surface (33%).

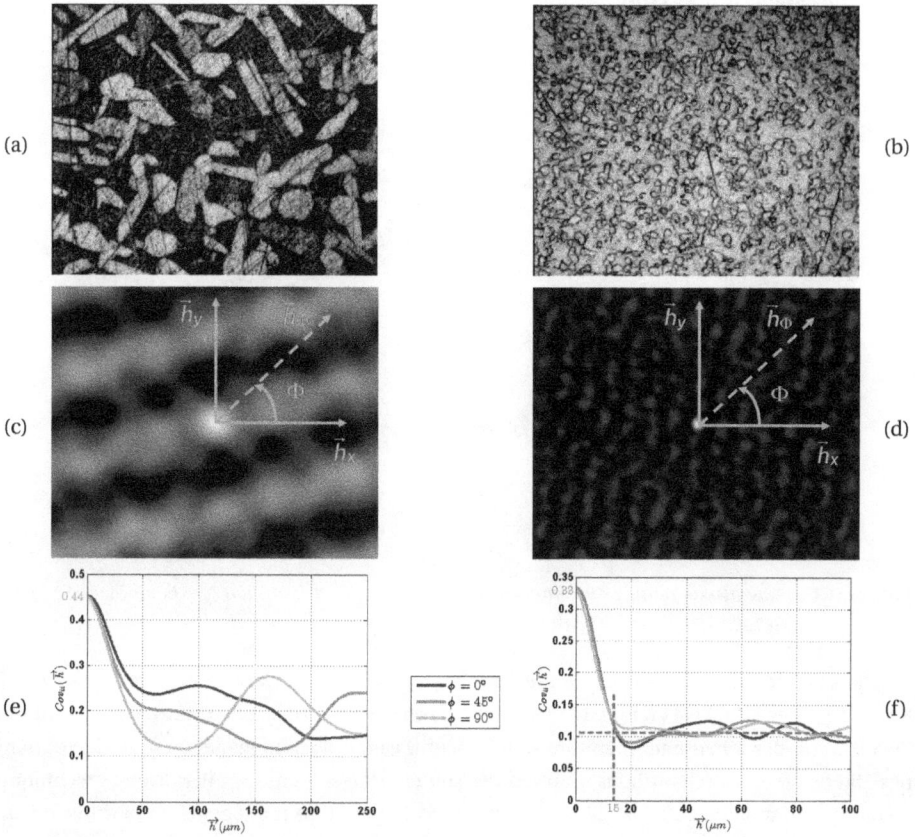

FIGURE IV.10 – *Microstructures biphasées des échantillons VIDEO-MECA-ZY4-N°81 (a) et VIDEO-MECA-ZY4-N°83 (b). (c) et (d) Covariances 2D Cov$_{ii}$$\left(\overrightarrow{h}_\phi\right)$ correspondantes de la distribution des phases. (e) et (f) Covariances 1D pour certaines directions $\overrightarrow{h}_\phi$*

1.3 Modules de Young des phase $\alpha(O)$ et $ex-\beta$ du Zircaloy-4 RXA oxydé

Le dernier paragraphe a permis de caractériser la teneur massique en oxygène et la distribution des inclusions dans les échantillons N°81 et N°83. L'étude de covariance a conduit à l'hypothèse de distribution homogène surfacique (resp. spatiale) pour l'échantillon N°81 (resp. N°83) qui est utilisée pour la suite dans la qualification de la MHI N°1. Il manque encore la connaissance des propriétés mécaniques des phases $\alpha(O)$ et ex-β servant comme données de référence lors de la comparaison avec les données estimées par MHI N°1. Ce paragraphe permet de déterminer ces propriétés.

a Données dans la littérature

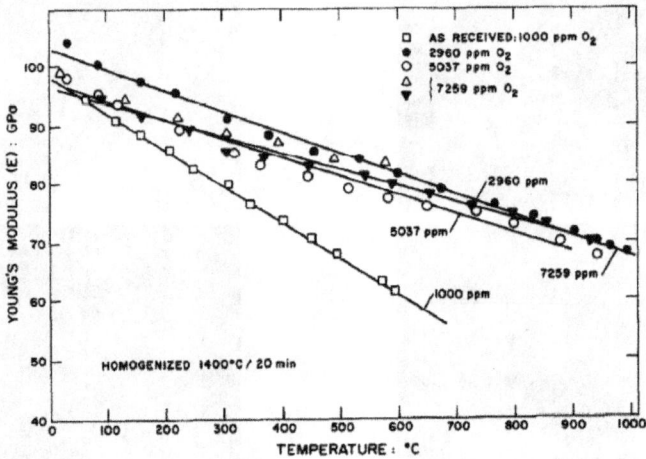

FIGURE IV.11 – *Modules de Young en fonction de la température d'un échantillon Zy-4 homogénéisé à 1400°C 1200s, contenant 1000-7259 ppm en oxygène [65]*

Dans la littérature, il existe un certain nombre d'études permettant de mesurer le module de Young des phases du Zy-4 en fonction leurs teneurs en oxygène. Dans ces travaux, ces échantillons Zy-4 sont oxydés à haute température sous vapeur d'eau, puis homogénéisés sous vide et trempés afin de créer les échantillons monophasés soit en $\alpha(O)$ soit en ex-β. Par diverses techniques de mesure du module de Young réalisées sur de tels échantillons homogénéisés, Northwood and Rosinger [65] (mesures acoustiques) ou Bunnell et al. [14] (mesures ultrasonores) ont montré que le module de Young du Zy-4 est influencé non seulement par la teneur en oxygène pénétrée mais aussi par la température, FIGURE IV.11. Le module de Young E_T du Zy-4 à T°C peut s'écrire sous forme d'une fonction linéaire suivante :

$$E_T = E_0 + AT \tag{IV.2}$$

où E_0 est le module de Young à 0°C et A est une constante correspondante pour chaque teneur en oxygène. Sur la TABLE IV.1 est donné le module de Young du Zy-4 en fonction de la température et de la teneur en oxygène.

Une autre étude plus récente pour la mesure du module de Young à 20°C par la nanodureté a été réalisée par Stern [85] : le module de Young de la phase ex-β est indépendant de la teneur en oxygène (jusqu'à ~ 1%mass.) et vaut environ 100 GPa. Pour la phase $\alpha(O)$, le module de Young

Teneur en oxygène	Module de Young E (GPa)	Température (°C)	Réf.
0.45 %at. (900 ppm)	$E = 98.82 - 0.0760\,T$	20-775	[76]
0.5 %at. (1000 ppm)	$E = 98.5 - 0.0625\,T$	20-620	[65]
1.5 %at. (2960 ppm) (homogénéisé à 1400°C, 20 min)	$E = 103.2 - 0.0352\,T$	20-1000	[65]
2.5 %at. (5037 ppm) (homogénéisé à 1400°C, 20 min)	$E = 98.0 - 0.0325\,T$	20-950	[65]
3.6 %at. (7259 ppm) (homogénéisé à 1400°C, 20 min)	$E = 96.5 - 0.0275\,T$	20-1000	[65]
0.9 %at. (1767 ppm) (homogénéisé à 800°C, 1 mois)	$E = 100.2 - 0.0567\,T$	20-820	[65]
1.9 %at. (3726 ppm) (homogénéisé à 800°C, 1 mois)	$E = 99.0 - 0.0259\,T$	20-850	[65]
2.9 %at. (5740 ppm) (homogénéisé à 800°C, 1 mois)	$E = 98.5 - 0.0240\,T$	20-940	[65]
0.7 %at. (1400 ppm)	$E = 100.0 - 0.0715\,T$	20-1200	[15]
2.5 %at. (5000 ppm)	$E = 92.9 - 0.0581\,T$	20-1200	[15]
5.4 %at. (11200 ppm)	$E = 105.0 - 0.0582\,T$	20-1200	[15]
10.2 %at. (20400 ppm)	$E = 103.4 - 0.0348\,T$	20-1200	[15]
14.1 %at. (28200 ppm)	$E = 108.1 - 0.0143\,T$	20-1200	[15]
22.3 %at. (44600 ppm)	$E = 135.5 - 0.0257\,T$	20-1200	[15]

TABLE IV.1 – *Module de Young du Zircaloy-4 contenant de l'oxygène en fonction de la température pour différentes teneurs en oxygène* [65]

dépend de la teneur en oxygène, et il varie de 100 à 200 GPa lorsque la teneur en oxygène augmente de ~ 2 à ~ 7 %mass. Sur la FIGURE IV.12 est présenté un exemple d'une mesure de nanodureté suivant l'épaisseur d'un échantillon Zy-4 oxydé :

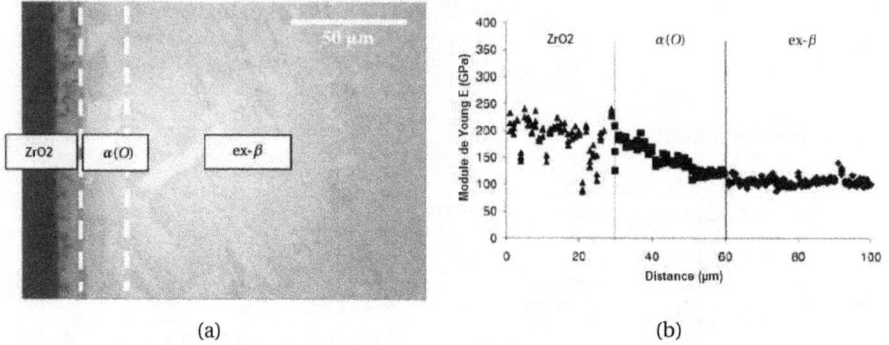

(a)   (b)

FIGURE IV.12 – *Modules de Young du Zy-4 oxydé mesurés par nanodureté instrumentée à 20°C dans l'épaisseur d'un échantillon brut d'oxydation 320s à 1000°C, trempé [86]*

En fixant la température à 20°C, sur la FIGURE IV.13 est présentée l'évolution du module de Young du Zy-4 à différentes teneurs en oxygène par différentes techniques de mesures locales (ultrasonore, acoustique, nanodureté, nanoindentation). Les données utilisées sont prises dans les travaux de Northwood [65], Bunnell [14] et Stern [85]. Les modules de Young obtenus par ces diverses techniques présentent une erreur relative d'environ 10%.

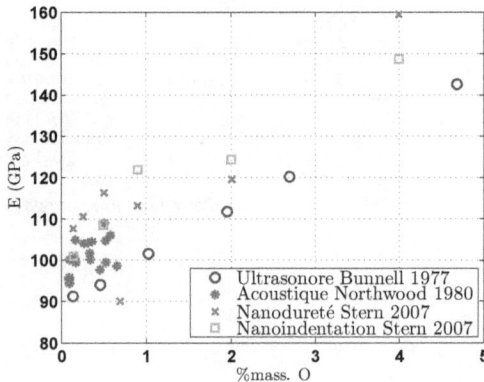

FIGURE IV.13 – *Modules de Young du Zy-4 à différentes teneurs en oxygène mesurés par diverse techniques à 20°C*

b Données de cette étude : nanoindentation

Dans le cadre de cette étude, les propriétés mécaniques des phases $\alpha(O)$ et ex-β dans les échantillons N°81 et N°83 ont été mesurées par nanoindentation basée sur la méthode développée par Oliver et Pharr [66]. Ces mesures sont réalisées par laboratoire CSM Instruments. Les propriétés mesurées servent ici comme paramètres de référence afin d'examiner la MHI N°1 pour la suite.

		VIDEO-MECA-ZY4 N°81		VIDEO-MECA-ZY4 N°83	
		$\alpha(O)$	ex-β	$\alpha(O)$	ex-β
Dureté H^{NI} (GPa)	Moyenne	6,49	3,02	7,30	4,86
	Écart-type	0,47	0,48	0.46	0.17
Module de Young E^{NI} (GPa)	Moyenne	130,15	108,94	117,07	100,58
	Écart-type	9,12	2,46	4,07	3,75

TABLE IV.2 – *Valeurs moyennes et écart-types de la dureté et du module de Young des phase ex-β et $\alpha(O)$ mesurés par nanoindentation sur les échantillons VIDEO-MECA-ZY-4 N°81 et N°83*

Une dizaine de mesures (indents) ont été effectuées sur chaque phase des échantillons. Sur la TABLE IV.2 sont présentés des valeurs moyennes et des écart-types du module de Young et de la dureté des phases mesurés. Les modules de Young mesurés par nanoindentation semblent cohérents avec ceux trouvés dans la littérature, FIGURE IV.13. Cependant, le module de Young de phase $\alpha(O)$ de l'échantillon N°81 présente une dispersion avec un écart-type égal à 9 GPa. Les autres mesures sont moins dispersées avec les écart-types d'environ 3 ou 4 GPa. La dispersion des propriétés mesurées servant comme paramètres de référence provoquent un certain impact lors de qualification la MHI N°1 en les comparant avec les propriétés par phase estimées. Une autre remarque est que le contraste mécanique des phases $\alpha(O)$ et ex-β est relativement faible ($k_2/k_1 \sim 1,2\%$), des champs de déformations mesurés relativement homogènes sont ainsi prévus.

A propos des coefficients de Poisson des phases $\alpha(O)$ et ex-β, il n'y a pas beaucoup de données disponibles dans la littérature. Donc, le seul coefficient de Poisson d'une valeur de 0,35 adopté par Stern [85] est utilisé comme paramètres de référence pour la suite. Stern a montré que le coefficient de Poisson varie peu avec la température et la teneur en oxygène. Ce coefficient de Poisson a été mesuré par méthode acoustique. Cette valeur est cohérente avec celle obtenue précédemment par essai de traction sur l'éprouvette Zy-4 vierge (de 0,10 à 0,15 %mass. O) (TABLE III.3).

2 Résultat et interprétation

2.1 Résultats expérimentaux

Les derniers paragraphes permettent de caractériser la distribution des inclusions et les propriétés mécaniques par phase servant comme paramètres de référence. Les champs cinématiques sont maintenant déterminés à partir d'essais de traction uniaxiale. Sur les figures IV.14 (a) et (b) sont respectivement présentées les zones d'étude (en pointillés rouges) de taille de 540 x 450 µm² pour l'échantillon N°81, et de 190 x 190 µm² pour l'échantillon N°83. Afin de satisfaire le domaine d'application de la MHI et de la CIN, les déformations devraient être élastiques et supérieures à 0,1%. Sur les figures IV.14 (c) et (d) sont présentés les domaines d'étude satisfaisant la condition du seuil de déformation. Ces domaines d'études correspondent aux déformations macroscopiques E_{yy} suivant l'axe $\overrightarrow{y}$ de traction situant entre ~0,25% et ~0,45%

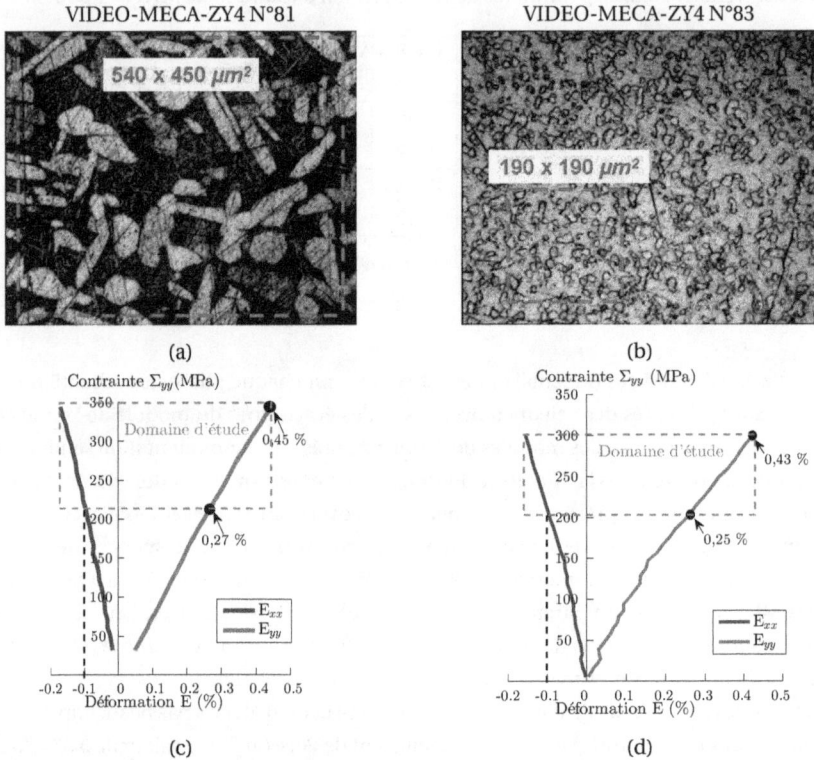

FIGURE IV.14 – *(a) et (b) Zone d'étude. (c) et (d) Diagrammes contraintes - déformations*

Sur la FIGURE IV.15 sont présentés les champs de déformations de Green-Lagrange $\varepsilon_{xx}, \varepsilon_{yy}$ et ε_{xy} des deux échantillons N°81 et N°83 correspondants à la déformation macroscopique E_{yy} d'environ 0,45%. Le calcul de déplacement est effectué avec un maillage de pas de 5 x 5 pixels pour l'échantillon N°81 et de 2 x 2 pixels pour l'échantillon N°83, la ZC est de 91 x 91 pixels. Des ZA pour le calcul de déformation sont respectivement de taille de 41 x 41 pixels et de 17 x 17 pixels pour les échantillons N°81 et N°83, les fonctions polynomiales d'ordre 2 sont utilisées. Aux zones d'interphase entre les inclusions et la matrice, des déformations hétérogènes importantes sont observées. Les déformations dans chaque phase, quant à elles, sont relativement homogènes. Les déformations moyennes par phase et les déformations macroscopiques calculées à partir de champs de déformations permettent de compléter les données nécessaires pour la qualification de la méthode d'homogénéisation inverse.

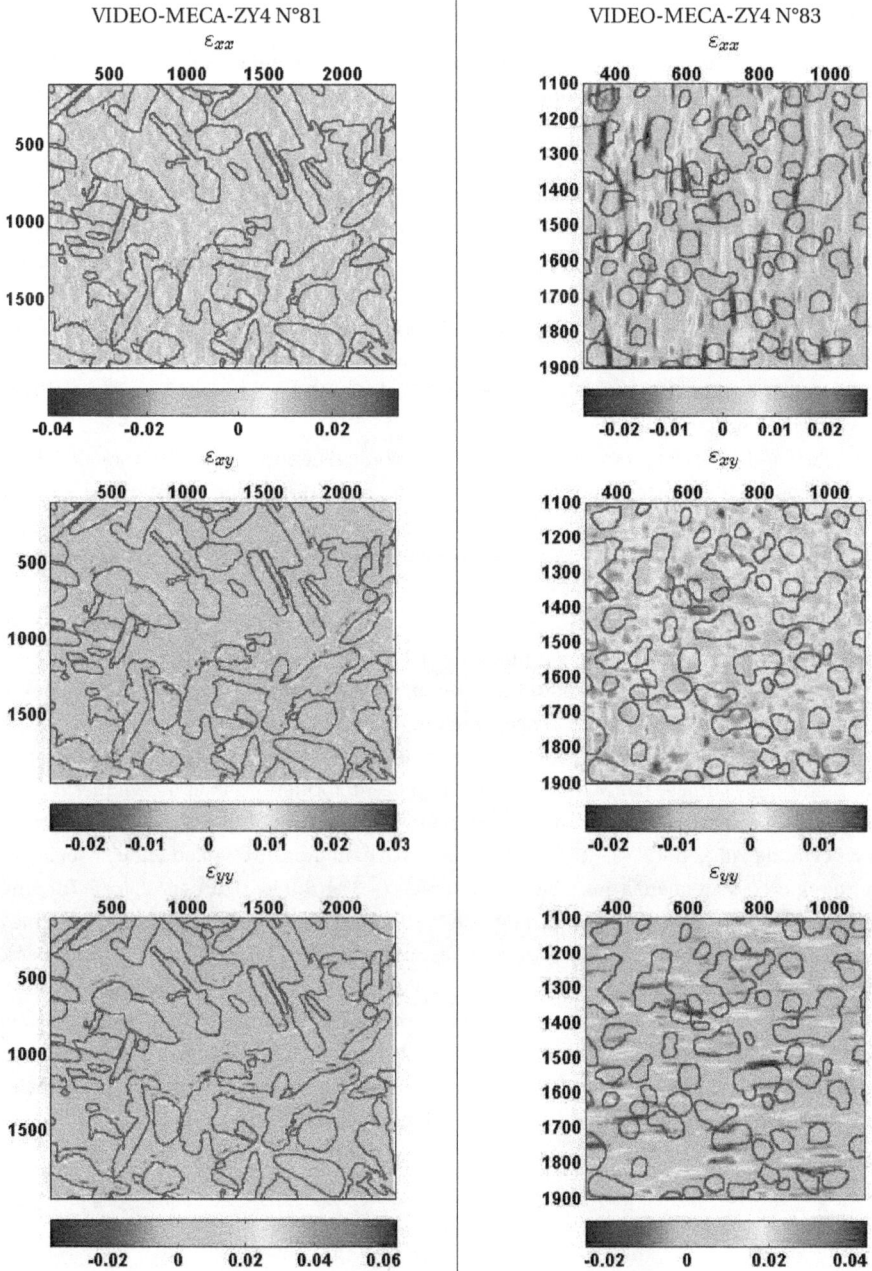

FIGURE IV.15 – *Champs des déformations* $(\varepsilon_{xx}, \varepsilon_{xy}, \varepsilon_{yy})$ *des échantillons VIDEO-MECA-ZY4 N°81 (540 x 450 μm^2) et N°83 (190 x 190 μm^2) qui correspondent à la déformation macroscopique* $E_{yy} \sim 0,45\%$

2.2 Incertitude « expérimentale » de la méthode d'homogénéisation inverse

Jusqu'à maintenant, les données expérimentales pour la qualification de la MHI N°1 sont suffisantes : l'hypothèse de distribution des inclusions, les propriétés mécaniques par phase servant comme paramètres de référence, les déformations moyennes par phase et macroscopiques. La MHI N°1 pour un matériau à distribution homogène surfacique des phases (resp. distribution homogène spatiale) est examinée pour l'échantillon N°81 (resp. N°83). Comparé aux qualifications précédentes par simulation et données expérimentales obtenues à partir d'éprouvettes modèles micro-percées, la MHI N°1 est ici qualifiée dans les conditions défavorables du domaine d'application de la méthode :

- les échantillons ne présentent pas des faibles fractions volumiques des inclusions : 44% pour l'échantillon N°81 et 33% pour l'échantillon N°83,
- la distribution des phases dans le sens de l'épaisseur des échantillons n'est pas entièrement contrôlée,
- l'échantillon N°81 présente une distribution homogène surfacique relativement délicat,
- l'étude de l'échantillon N°83 oblige d'adopter l'hypothèse de déformation $\varepsilon_{\theta\theta} \sim \varepsilon_{rr}$, qui ne concerne que des matériaux à faible fraction volumique des inclusions,
- les propriétés mécaniques de référence présentent des incertitudes non négligeables,
- le coefficient de Poisson des deux phases est adopté à 0,35.

Ces conditions défavorables provoquent des impacts significatifs sur la précision de l'estimation des propriétés mécaniques par phase de la MHI N°1. Dans cette étude, les propriétés mécaniques des inclusions $\alpha(O)$ supposées inconnues sont estimées par MHI N°1, qui sont ensuite comparées avec les valeurs de référence obtenues par nanoindentation.

Sur les figures IV.16 (a) et (b) sont présentées les erreurs relatives des propriétés mécaniques des inclusions estimées par MHI N°1 en fonction des déformations macroscopiques de l'échantillon N°81. Les erreurs relatives importantes pour le module de compressibilité k_2^{MHI} ($\sim 30\%$) et le coefficient de Poisson ν_2^{MHI} ($\sim 15\%$) sont observées. Le module de cisaillement μ_2^{MHI} et le module de Young E_2^{MHI} sont quant à eux relativement précis ($\sim 5\%$). Sur les figures IV.16 (c) et (d) sont présentés les résultats obtenus pour l'échantillon N°83. Des erreurs importantes pour le module μ_2^{MHI} ($\sim 21\%$) et une estimation plus précise pour le module k_2^{MHI} ($\sim 7\%$), E_2^{MHI} ($\sim 8\%$) et le coefficient ν_2^{MHI} ($\sim 10\%$) sont constatées. Malgré que le problème d'Eshelby n'est pas bien respecté, des estimations des modules de Young dans les deux cas sont relativement précises. Il est possible que le coefficient de Poisson servant comme paramètre de référence qui est adopté à 0,35 pour les deux phases provoque un impact significatif sur l'estimation. Une valeur plus précise du coefficient de Poisson permet peut-être d'augmenter la précision des valeurs estimées.

VIDEO-MECA-ZY4 N°81

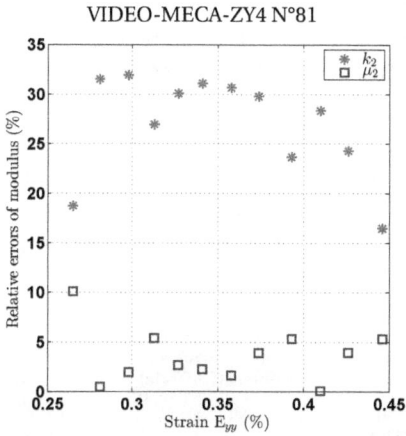

(a)

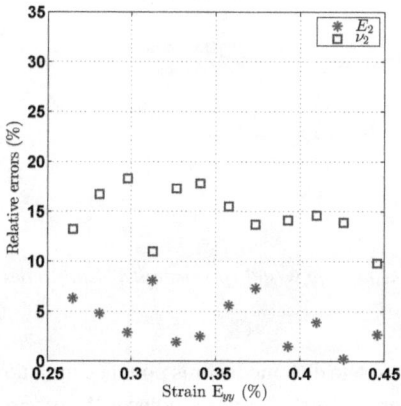

(b)

VIDEO-MECA-ZY4 N°83

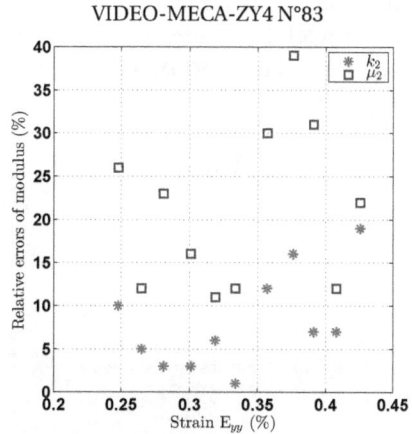

(c)

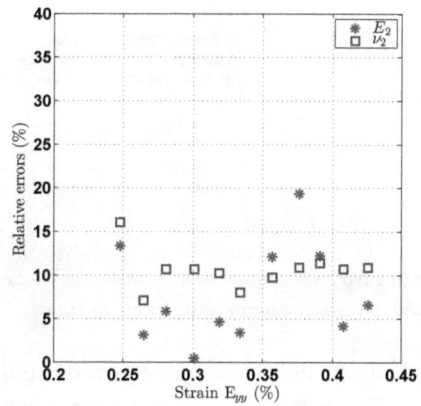

(d)

FIGURE IV.16 – *Erreurs relatives des propriétés mécaniques* (k_2, μ_2, E_2, ν_2) *de l'inclusion* $\alpha(O)$ *identifiées par MHI couplée avec la mesure par CIN : (a,b) VIDEO-MECA-ZY4 N°81 - distribution homogène surfacique des phases ; (c,d) VIDEO-MECA-ZY4 N°83 - distribution homogène spatiale des phases*

2.3   Confrontation avec la méthode de recalage par éléments finis

Afin de mieux qualifier les estimations obtenues par MHI N°1, la comparaison avec la méthode de recalage par éléments finis (REF) est maintenant réalisée [56, 81, 1]. La méthode REF est également une méthode d'identification des propriétés mécaniques par phase, mais elle associe à la fois approche numérique (simulation) et expérimentale (corrélation d'images). Cette technique utilise comme acquis la loi de comportement du matériau, la géométrie et la répartition des phases et finalement les champs cinématiques expérimentaux. Sur la FIGURE IV.17 est présentée la démarche de la méthode REF :

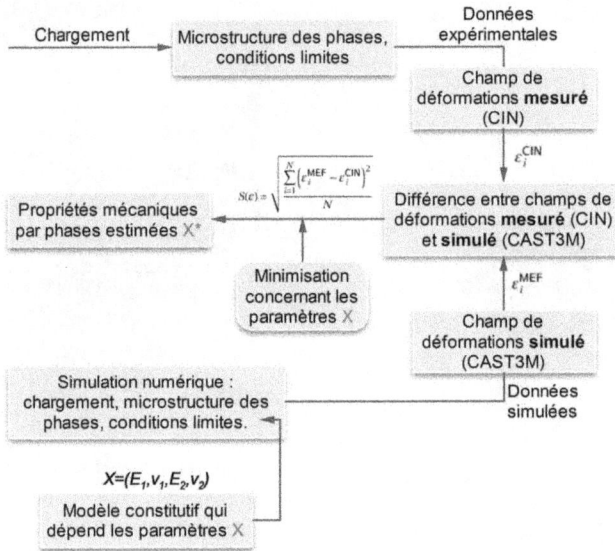

FIGURE IV.17 – *Démarche de la méthode de recalage par éléments finis (REF) permettant d'identifier des propriétés par phase à partir de données expérimentales [56, 81, 1]*

- Simulation numérique : afin de construire le modèle d'éléments finis pour la simulation, le champ de déplacements expérimentaux au contour de la surface étudiée (CIN) est projeté sur un maillage 2D simulant la surface, FIGURE IV.18. Pour le comportement des phases, un jeu des propriétés mécaniques initiales du matériau $X = (E_1, \nu_1, E_2, \nu_2)$ non représentatives du cas réel est effectué. Cette simulation permet de générer des champs de déformations virtuelles dépendant des paramètres X.
- Minimisation : à partir de champs de déformations simulées, les déformations locales aux nœuds de Gauss sont ensuite comparées à leurs équivalentes expérimentales. La minimisation de différence entre les deux champs de déformations est effectuée itérativement en jouant avec les paramètres $X = (E_1, \nu_1, E_2, \nu_2)$. Dans l'étude considérée, le module de Young des inclusions E_2 est supposé inconnue, l'estimation de $X^* = E_2$ est réalisée en minimisant l'erreur quadratique moyenne entre les déformations équivalentes simulées ε_{eq}^{MEF} et les me-

sures expérimentales ε_{eq}^{CIN} :

$$X^* = \operatorname{argmin} S(X) \quad \text{avec} \quad S = \sqrt{\frac{\sum\limits_{}^{N}\left(\varepsilon_{eq}^{MEF}(X) - \varepsilon_{eq}^{CIN}\right)^2}{N}} . \qquad \text{(IV.3)}$$

VIDEO-MECA-ZY4 N°81   VIDEO-MECA-ZY4 N°83

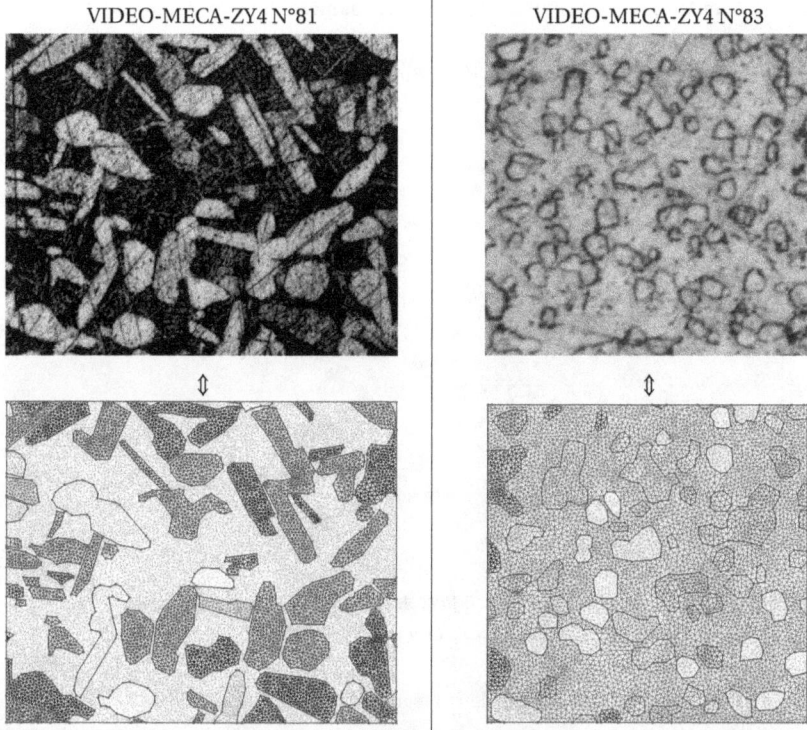

FIGURE IV.18 – *Maillage de la géométrie des surfaces étudiées*

Dans cette étude, l'intérêt de la méthode REF est qu'elle prend en compte les déformations vraies et la géométrie surfacique vraie, la démarche de la méthode REF est ainsi basée sur un modèle physique réel. Tandis que la méthode MHI, qui utilise la moyenne des déformations par phase et l'hypothèse de distribution homogène surfacique des phase, est basée sur un modèle mathématique. De manière similaire, à partir de la connaissance des propriétés d'une phase, les deux méthodes permettent d'identifier les propriétés inconnues de l'autre phase.

Échantillon N°81 : la méthode REF est maintenant appliquée à l'échantillon N°81. Les résultats obtenus permettent de tester la cohérence et la précision des deux méthodes MHI et REF. En raison du grand nombre d'évaluations qui doivent être effectuées, l'étude est limitée aux deux scénarios simples :

– Premièrement, la réponse mécanique du matériau correspondant à la déformation macroscopique $E_{yy} = 0,45\%$ est considérée. En fixant les coefficients de Poisson à 0,35 et en variant le module de Young de la matrice E_1 de 50 à 200 GPa, le module de Young des inclusions E_2 est identifié par les deux méthodes REF et MHI. Sur la FIGURE IV.19 (a) sont représentées des erreurs relatives entre les modules de Young des inclusions E_2^{REF} et E_2^{MHI} estimés par REF et MHI en fonction des différents modules E_1 de la matrice. Les erreurs obtenues sont relativement petites et monotones (~ 8%). De manière similaire, la FIGURE IV.19 (b) permet de présenter la comparaison des modules k_2 et μ_2 obtenus par les deux méthodes, qui présentent les erreurs respectivement de 32% et 5%.

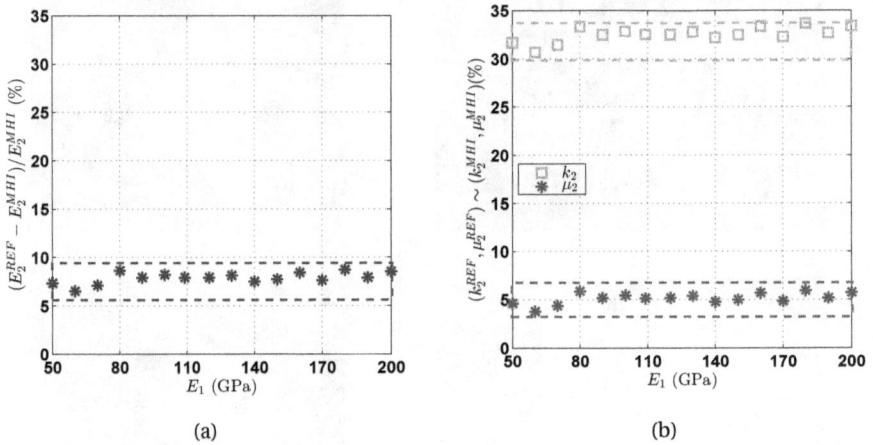

(a)   (b)

FIGURE IV.19 – *Échantillon N°81 : erreurs relatives des modules* (E_2, k_2, μ_2) *de l'inclusion* $\alpha(O)$ *estimés par MHI et REF pour les différents modules de Young* E_1 *de la matrice ex-β*

– Deuxièmement, E_1 est fixé à la valeur mesurée par nanoindentation (E_1^{NI}=108,9 GPa) et les coefficients de Poisson des phases sont toujours fixés à 0,35. La cohérence des méthodes MHI et REF est maintenant vérifiée en considérant les différentes déformations E_{yy} du matériau qui varient de 0,24% à 0,45%. Sur la FIGURE IV.20 sont présentées les erreurs relatives des modules E_2, k_2 et μ_2 mesurés par les méthodes MHI et REF par rapport à ceux mesurés par nanoindentation. Les erreurs relatives inférieures à 10% (resp. 25%) pour les estimations de E_2 et μ_2 (resp. k_2) sont constatées.

Par conséquent, la faible différence entre les modules E_2 et μ_2 estimés par les deux méthodes REF et MHI permet de constater leur cohérence. Bien que ces deux méthodes utilisent des démarches différentes, elles permettent de conduire vers les estimations relativement identiques.

Échantillon N°83 : de manière similaire, la cohérence entre les deux méthodes REF et MHI est maintenant vérifiée avec l'échantillon N°83 en considérant le 2ème scénario. Sur la FIGURE IV.21 sont présentées les erreurs relatives des modules E_2, k_2 et μ_2 mesurés par les deux méthodes MHI et REF par rapport aux valeurs de référence (nanoindentation). Les erreurs relatives inférieures à

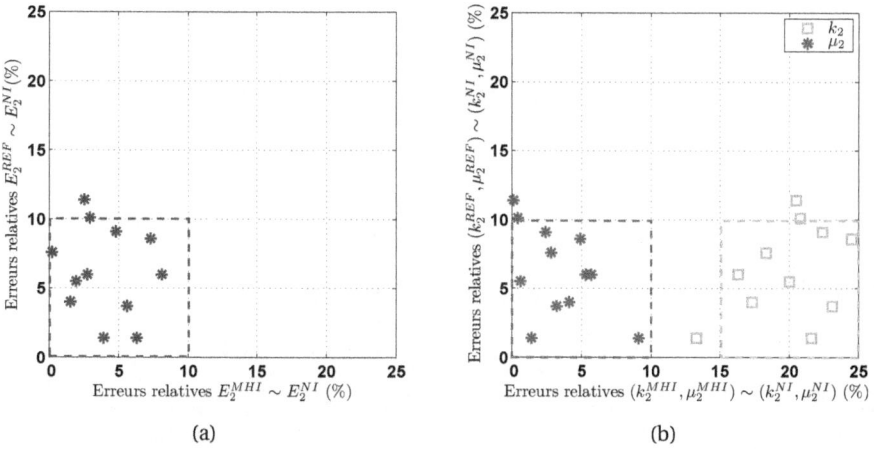

FIGURE IV.20 – *Échantillon N°81 : erreurs relatives des modules* (E_2, k_2, μ_2) *de l'inclusion* $\alpha(O)$ *estimés par MHI et REF par rapport aux ceux mesurés par nanoindentation pour différentes déformations* $E_{yy} \in [0,24\% - 0,45\%]$

25% sont constatées pour ces comparaisons. Une fois encore, cette étude permet de montrer la cohérence entre REF et MHI.

Conclusion : les erreurs présentées sur les figures IV.19, IV.20 et IV.21 permettent de mettre en évidence d'une part la cohérence des deux méthodes d'identification inverse MHI et REF et d'autre part l'exactitude de la méthode MHI. Il s'avère que le modèle de la MHI est relativement adapté à la géométrie du matériau étudié. L'exactitude de la MHI peut être encore accentuée à conditions que les propriétés mécaniques de la phase connue soient plus précises.

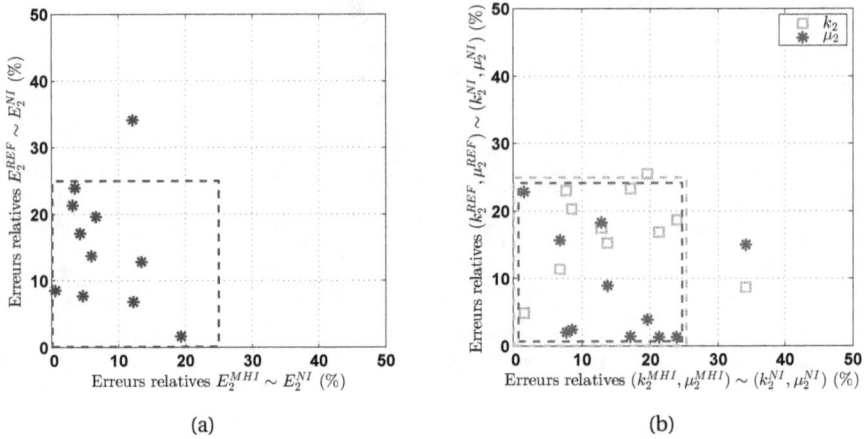

(a)

(b)

FIGURE IV.21 – *Échantillon N°83 : erreurs relatives des modules* (E_2, k_2, μ_2) *de l'inclusion* $\alpha(O)$ *estimés par MHI et REF par rapport à ceux mesurés par nanoindentation pour différentes déformations* $E_{yy} \in [0,25\% - 0,43\%]$

Conclusion

1. Dans ce chapitre, la méthode d'homogénéisation inverse N°1 a été testée à partir d'échantillons Zy-4 oxydés constitués d'inclusions $\alpha(O)$ de forme arbitraire. Les échantillons N°81 et N°83 ont été choisis pour cette étude du fait qu'ils présentent des inclusions non-percolantes et gardent encore une certaine ductilité. Après avoir caractérisé la distribution et les propriétés mécaniques des phases constitutives, les champs cinématiques obtenus par essais de traction permettent ensuite de compléter les données nécessaires pour la qualification de la MHI N°1. Malgré que les deux échantillons présentent les caractéristiques loin du problème d'Eshelby, l'hypothèse des distributions homogènes (spatiale et surfacique) des phases a été adoptée. Parmi les valeurs estimées, les modules de Young estimés présentent une grande exactitude (5-7% d'erreurs relatives par rapport aux valeurs de référence) pour les deux échantillons étudiés.

2. Afin de qualifier la performance de la MHI N°1, elle a été comparée avec la méthode de recalage aux éléments finis (REF) qui est choisie pour sa simplicité d'application. La méthode REF permet d'associer à la fois l'approche numérique (simulation) et expérimentale (corrélation d'images). L'intérêt de la méthode REF est qu'elle est basée sur les grandeurs physiques réelles (vraie morphologie de la surface étudiée, loi de comportement du matériau, déformations locales), tandis que la MHI est basée sur un modèle mathématique (hypothèse de distribution homogène des phases, grandeurs moyennes de déformations). La comparaison de ces deux méthodes permet d'avoir trois observations :

   – 1ère observation : les propriétés mécaniques de phase connue et les champs cinématiques mesurés par corrélation d'images sont les paramètres déterminants dans la précision des propriétés estimées de phase inconnue,

– 2ème observation : les deux méthodes MHI et REF sont relativement cohérentes. Malgré que ces deux méthodes utilisent des démarches différentes, elles conduisent aux résultats identiques. Lors de l'identification inverse du module de Young de l'inclusion $\alpha(O)$, les erreurs relatives d'environ 8% entre les deux méthodes et 10% par rapport aux valeurs de référence (mesures de nanoindentation) sont constatées,

– 3ème observation : à partir de 1ère et 2ème observations, il s'avère que la méthode MHI N°1 proposée est relativement adaptée à la géométrie des échantillons testés.

Chapitre V

Conclusions et perspectives

1 Synthèses et conclusions

Dans ce mémoire, la classe des matériaux biphasés constitués d'inclusions noyées dans la matrice métallique est considérée. Une méthode simple est proposée pour identifier les propriétés mécaniques d'une phase à condition que les propriétés de l'autre phase soient connues. La méthode proposée est basée à la fois sur une approche d'homogénéisation inverse et sur les mesures de champs par corrélation d'images numériques 2D [95]. Le matériau amenant à cette étude est la gaine de combustible en Zircaloy-4 après l'accident par perte de réfrigérant primaire (APRP). Ce mémoire a présenté le travail de recherche contribuant à une meilleure compréhension du comportement local à l'échelle de la microstructure (dizaines de micromètre) des gaines Zircaloy-4 après un tel accident. Cela permet d'apporter des premières démarches expérimentales contribuant à la validation des méthodes d'homogénéisation inverse.

Le 1er chapitre présente des propriétés mécachimiques générales du gainage Zircaloy-4 après un scénario accidentel APRP, ceci présentant à cœur une microstructure composite constituée d'inclusions en phase $\alpha(O)$ (enrichie en oxygène, ~1 à 7% mass. O) distribuées de façon aléatoire dans une matrice en phase ex-β (pauvre en oxygène, ~ 0,14 à 0,9% mass. O) [85]. Cette zone biphasée est la seule partie du matériau gardant encore une certaine ductilité après une oxydation à haute température. Dans le deuxième temps, un tour d'horizon des différentes techniques de mesures de champs cinématiques classées en deux familles a été réalisé. Parmi lesquelles, la corrélation d'images numériques bidimensionnelle (CIN-2D), qui est une technique très répandue dès aujourd'hui pour la simplicité de montage et la précision obtenue, a été choisie. Une présentation détaillée de certains logiciels CIN-2D ainsi que certains exemples d'application à l'échelle microscopique sont présentés. Pour aider à faciliter la compréhension de la méthode d'homogénéisation inverse dans le chapitre III, la méthode d'homogénéisation dans une démarche directe a été présentée à la fin de ce chapitre. Pour le dimensionnement des matériaux hétérogènes, la méthode d'homogénéisation permet de borner ou d'estimer les caractéristiques globales du matériau. Les modèles d'homogénéisation sont construits à partir de solutions du problème d'Eshelby et les estimations d'Hashin-Shtrikman [12].

Le 2ème chapitre est dédié à l'évaluation du choix des paramètres de calcul par CIN-2D. Cette partie propose des choix optimaux des paramètres de calcul correspondant à chaque type de mouchetis déposé à la surface et de l'hétérogénéité de déformation. Dans le deuxième temps, la mise en place d'un algorithme de correction de distorsion radiale due à l'aberration optique de la microscope permet d'obtenir des mesures 5 fois plus précises pour les déplacements et 2 fois pour les déformations. Compte tenu du réglage régulier de la position de caméra au cours des essais mécaniques par paliers, la CIN ne permet que de garantir des déformations au-delà de 0,1%.

Dans le 3ème chapitre, le principe de la méthode d'homogénéisation inverse proposée dans cette thèse a été présenté. Compte tenu de la caractéristique des inclusions (inclusions élastiques ou pores, distribution homogène spatiale ou surfacique), trois méthodes d'identification inverse ont été proposées. Premièrement, les trois méthodes MHI sont qualifiées à partir de données simulées « sans bruit » obtenues par simulation numérique pour quatre microstructures : matériaux à une seule inclusion élastique ou poreuse de forme sphérique ou cylindrique. Deuxièmement, les deux méthodes MHI N°2 et N°3 qui traitent des matériaux poreux sont qualifiées à partir de données expérimentales venant de deux microstructures simples : une matrice élastoplastique contenant un et quatre micro-trous cylindriques arrangés selon un motif carré. Dans les conditions favorables de ces tests, l'exactitude des méthodes d'identification inverse est constatée.

Enfin, le 4ème chapitre est dédié à évaluer la MHI N°1 au cas des échantillons Zy-4 RXA oxydés constitués d'inclusions $\alpha(O)$ de forme arbitraire noyées dans la matrice ex-β. Malgré que les échantillons considérés présentent ici les caractéristiques loin du domaine d'application favorable, les propriétés mécaniques par phase évaluées par la MHI N°1 présentent une certaine précision. A la fin de ce chapitre, la MHI N°1 est comparée avec la méthode de recalage aux éléments finis, qui est également une méthode d'identification des propriétés mécaniques par phase. La cohérence de ces deux méthodes permet de montrer la pleine applicabilité de la méthode MHI dans le cas des matériaux composites réels.

2 Perspectives

Les travaux présentés dans ce mémoire ouvrent la voie à des développement futurs. Concernant la partie caractérisation et évaluation des systèmes de mesure par corrélation d'images, de nombreuses pistes de recherche sont envisagées :

– Le dépôt de mouchetis par attaque chimique à la surface contenant plusieurs phases à l'échelle micrométrique est difficile du fait que les différentes phases présentent les différentes propriétés mécaniques et dont réagissent différemment avec la solution acide. Le temps de recherche de la quantité d'une solution acide adaptée est important. De plus, les résultats obtenus par l'attaque chimique ne sont pas répétitifs. C'est pour ces raisons qu'une autre méthode de création du mouchetis à la surface de l'objet est envisagée,

– ...

Concernant la partie identification inverse à partir de mesures de champs, suite à la première approche mise en place, il reste de nombreuses pistes à explorer :

– Il est nécessaire de mieux contrôler la distribution des phases à l'épaisseur du matériau,

– Il serait intéressant d'évaluer la performance de la méthode MHI dans les autres types de comportement (l'élasticité anisotrope, la plasticité, etc.) ou dans les différentes échelles du matériau,

– La méthode proposée est ici basée sur le seul modèle d'homogénéisation de Mori-Tanaka. La construction des méthodes MHI à partir d'autres approches d'homogénéisation est envisagée,

– Un dernier point important est relatif à la capacité d'identifier le comportement mécanique tridimensionnel d'un matériau à partir d'un essai tridimensionnel.

Nomenclature

Abréviation

Acronymes	Signification
APRP	Accident par perte de réfrigérant primaire
CC	Cross correlation
CCD	Charge coupled device
CIN	Corrélation d'images numériques
EBSD	Electron back scattered diffraction
ECR	Error in constitutive relation
EGM	Equilibrium gap method
FEMU	Finite element models updating
FFT	Fast Fourrier transforms
MFA	Microscope à force atomique
MHI	Méthode d'homogénéisation inverse
MEB	Microscope électronique à balayage
MET	Microscope électronique en transmission
MSR	Mouvement de solide rigide
NI	Nano-indentation
NCC	Normalized cross correlation
PMMA	Polyméthylméthacrylate
REF	Recalage aux éléments finis
REP	Réacteur à eau sous pression
RIA	Accident d'injection de réactivité
RXA	Recrystallized annealed
RGM	Reciprocity gap method
SRA	Stress relief annealed
SSD	Sum of squared differences
SSSIG	Sum of square of subset intensity gradients
ZA	Zone d'approximation
ZC	Zone de corrélation
ZE	Zone d'étude
ZR	Zone de recherche
ZSSD	Zero mean sum of squared differences
ZNCC	Zero Zeromean normalized cross correlation
VER	Volume élémentaire représentatif
VFM	Virtuel fields method

Notation

Variables	Signification
f, g	Fonctions non identifiées
X	Scalaire
$\vec{X}$	Vecteur de composantes X_i
$\boldsymbol{X}$	Tenseur d'ordre 2 de composantes X_{ij}
$\mathbb{X}$	Tenseur d'ordre 4 de composantes X_{ijkl}
δ_{ij}	Symbole de Kronecker : $\delta_{ij} = 1$ si $i = j$, $\delta_{ij} = 0$ si $i \neq j$
$\boldsymbol{i}$	Tenseur unité d'ordre 2 de composantes δ_{ij}
$\mathbb{I}$	Tenseur unité d'ordre 4 de composantes I_{ijkl}
S	Erreur quadratique moyenne
S_r	Erreur quadratique moyenne relative
$\bar{e}$	Erreur systématique
$\hat{e}$	Erreur aléatoire
c_v	Critère d'homogénéité de déformation
C	Coefficient de corrélation
η	Bruit additif aléatoire de l'image numérique
S_η^2	Variance du bruit de l'image numérique
$\boldsymbol{F}$	Tenseur gradient
$\boldsymbol{\varepsilon}^{GL} = \dfrac{1}{2}\left({}^{\mathsf{T}}\boldsymbol{FF} - \boldsymbol{i}\right)$	Tenseur de déformation Green-Lagrange
$\boldsymbol{\varepsilon}^{EA} = \dfrac{1}{2}\left({}^{\mathsf{T}}\boldsymbol{F}^{-1}\boldsymbol{F}^{-1}\right)$	Tenseur de déformation Euler-Almansi
$\boldsymbol{R}$	Tenseur de rotation $\left(\boldsymbol{R}^{\mathsf{T}}\boldsymbol{R} = \boldsymbol{i}\right)$
$\boldsymbol{\varepsilon}^H = \log \boldsymbol{V}$	Tenseur de déformation Henky
$\boldsymbol{U}$ (resp. $\boldsymbol{V}$)	Tenseurs de déformation Henky pure droit (resp. pure gauche)
$\mathbb{A}$ (resp. $\mathbb{B}$)	Tenseur de localisation des déformations (resp. contraintes)
$\mathbb{C}$	Tenseur d'élasticité
$\mathbb{C}^*$	Tenseur d'influence
$\mathbb{S}$	Tenseur de souplesse
$\mathbb{P}$	Tenseur de Hill
$\mathbb{S}^{\mathsf{Esh}}$	Tenseur d'Eshelby
$\boldsymbol{E}$ (resp. $\boldsymbol{\varepsilon}$)	Tenseur des déformations macroscopiques (resp. locales)
$\boldsymbol{\Sigma}$ (resp. $\boldsymbol{\sigma}$)	Tenseur des contraintes macroscopiques (resp. locales)
$\boldsymbol{\tau}$	Tenseur de polarisation
$\vec{n}$	Vecteur unitaire parallèle à l'axe de révolution
$\vec{N}$	Vecteur normale unitaire
E (resp. ε)	Déformation macroscopique (resp. locale) composante
Σ (resp. σ)	Contrainte macroscopique (resp. locale) composante
E	Module de Young
ν	Coefficient de Poisson
k (resp. μ)	Module de compressibilité (resp. cisaillement)

Opérateur	Signification
$\vec{X} \cdot \vec{Y}$, $\boldsymbol{X} \cdot \boldsymbol{Y}$	Produit contracté sur un indice (scalaire, tenseur) $X_k Y_k$, $X_{ik} Y_{kj}$
$\boldsymbol{X} : \boldsymbol{Y}$, $\mathbb{X} : \boldsymbol{Y}$	Produit contracté sur deux indices $X_{ij} Y_{ij}$, $X_{ijkl} Y_{kl}$
$f * g = g * f$	Produit de convolution de la fonction $f(t)$ par la fonction $g(t)$
$\boldsymbol{X} \otimes \boldsymbol{Y}$	Produit tensoriel de composantes $X_{ij} Y_{kl}$
$\boldsymbol{X} \underline{\otimes} \boldsymbol{Y}$	Produit tensoriel de composantes $X_{ik} Y_{lj}$
$\boldsymbol{X} \overline{\underline{\otimes}} \boldsymbol{Y}$	Produit tensoriel symétrisé de composantes $\frac{1}{2}\left(X_{ik} Y_{lj} + X_{il} Y_{kj}\right)$
$\mathbb{X}^{(S)}$	Double symétrisation de composantes $X^{(S)}_{ijkl} = (X_{ijkl} + X_{jikl} + X_{ijlk} + X_{jilk})/4$
$\operatorname{tr} \boldsymbol{X} = X_{ii}$	Trace de $\boldsymbol{X}$
$\boldsymbol{X}^{\mathrm{dev}} = \boldsymbol{X} - \dfrac{1}{3} \operatorname{tr} \boldsymbol{X} \boldsymbol{i}$	Partie déviatorique de $\boldsymbol{X}$
$\langle X \rangle$	Valeur moyenne de X
$\lvert X \rvert$	Valeur absolue de X
$\bigtriangledown f$ ou $\operatorname{grad} f$	Gradient d'une fonction f
$\operatorname{div} f$	Divergence d'une fonction f
$\displaystyle\int_a f(x)\,\mathrm{d}x$	Intégrale sur le domaine a d'une fonction $f(x)$

Attaque chimique

Les tableaux ci-dessous présentent les principales quantités adaptées des réactifs testés sur le matériau et le temps d'attaque nécessaire.

VIDEO-MECA-ZY4 N°49

Surface initiale (Zy-4 SRA vierge)		

Surface après attaque chimique (à 20°C)		
		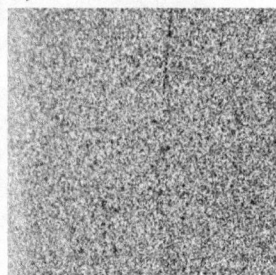
– 5% $HF(40\%)$ + 47,5% $HNO_3(65\%)$ + 47,5% H_2O, – 5 secondes de frottement de coton mouillé par solution acide.	– 1% $HF(40\%)$ + 4,5% $HNO_3(65\%)$ + 94,5% H_2O, – 8 secondes de frottement de coton mouillé par solution acide.	– 1% $HF(40\%)$ + 3% $HNO_3(65\%)$ + 3% $H_2SO_4(95\%)$ + 93% H_2O, – 8 secondes de frottement de coton mouillé par solution acide.

FIGURE A.1 – *Quelques mouchetis obtenus par l'attaque chimique sur l'échantillon Zircaloy-4 SRA vierge. Les images sont de dimensions d'environ 500 µm x 500 µm*

VIDEO-MECA-ZY4 N°57

Surface initiale (Zy-4 RXA vierge)

Surface après attaque chimique (à 20°C)

- 1% $HF(40\%)$ + 4,5% $HNO_3(65\%)$ + 94,5% H_2O,
- 8 secondes de frottement de coton mouillé par solution acide.

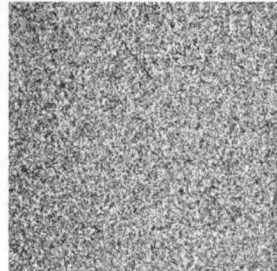

- 1% $HF(40\%)$ + 3% $HNO_3(65\%)$ + 3% $H_2SO_4(95\%)$ + 93% H_2O,
- 8 secondes de frottement de coton mouillé par solution acide.

FIGURE A.2 – *Quelques mouchetis obtenus par l'attaque chimique sur l'échantillon Zircaloy-4 RXA vierge. Les images sont de dimensions d'environ 500 μm x 500 μm*

VIDEO-MECA-ZY4 N°21

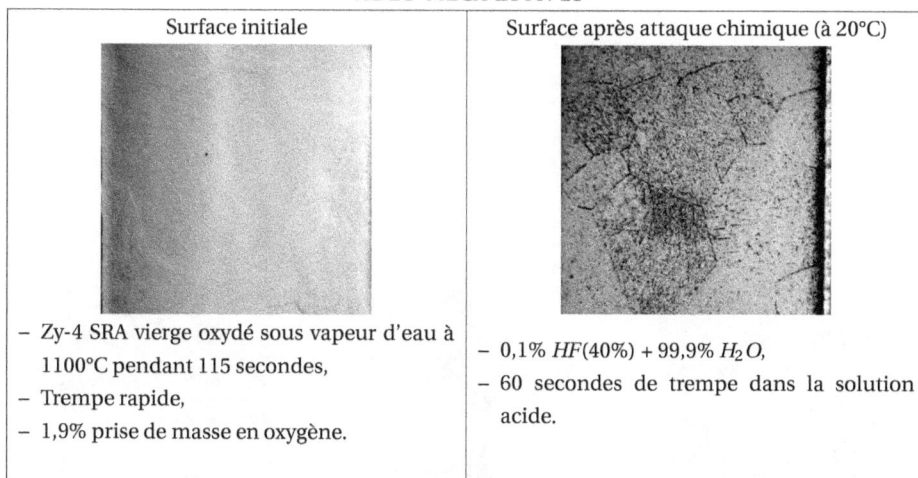

Surface initiale	Surface après attaque chimique (à 20°C)
– Zy-4 SRA vierge oxydé sous vapeur d'eau à 1100°C pendant 115 secondes, – Trempe rapide, – 1,9% prise de masse en oxygène.	– 0,1% $HF(40\%)$ + 99,9% H_2O, – 60 secondes de trempe dans la solution acide.

FIGURE A.3 – *Quelques mouchetis obtenus par l'attaque chimique sur l'échantillon Zircaloy-4 SRA oxydé sous vapeur d'eau à 1100°C pendant 115 secondes. Les images sont de dimensions d'environ 500 μm x 500 μm*

VIDEO-MECA-ZY4 N°18

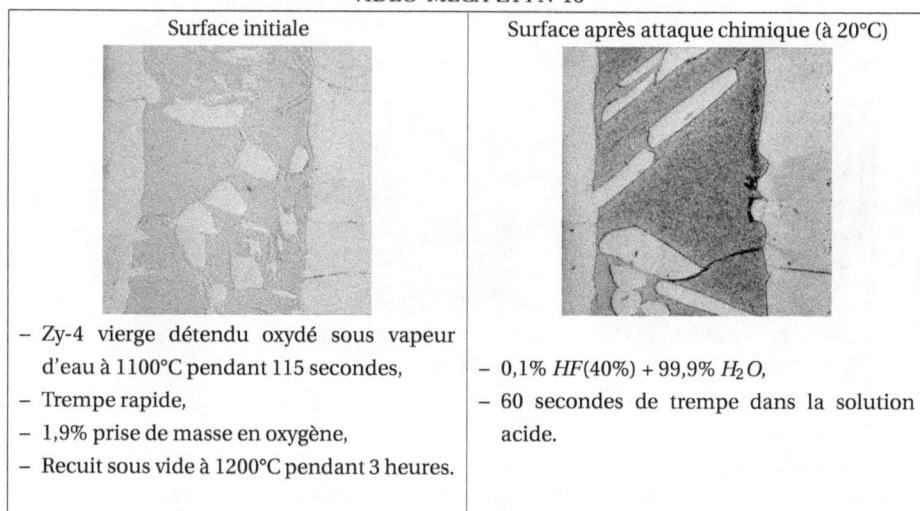

Surface initiale	Surface après attaque chimique (à 20°C)
– Zy-4 vierge détendu oxydé sous vapeur d'eau à 1100°C pendant 115 secondes, – Trempe rapide, – 1,9% prise de masse en oxygène, – Recuit sous vide à 1200°C pendant 3 heures.	– 0,1% $HF(40\%)$ + 99,9% H_2O, – 60 secondes de trempe dans la solution acide.

FIGURE A.4 – *Quelques mouchetis obtenus par l'attaque chimique sur l'échantillon Zircaloy-4 SRA oxydé sous vapeur d'eau à 1100°C pendant 115 secondes, puis recuit à 1200°C pendant 3 heures. Les images sont de dimensions d'environ 500 μm x 500 μm*

VIDEO-MECA-ZY4 N°31

Surface initiale		
		– Zy-4 SRA vierge oxydé sous vapeur d'eau à 900°C pendant 6000 secondes, – Trempe rapide, – 2,4% prise de masse en oxygène.

Surface après attaque chimique (à 20°C)		
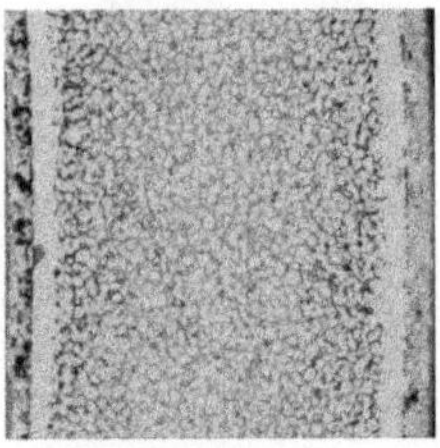 – 0,1% HF (40%) + 99,9% H_2O, – 60 secondes de trempe dans la solution acide.	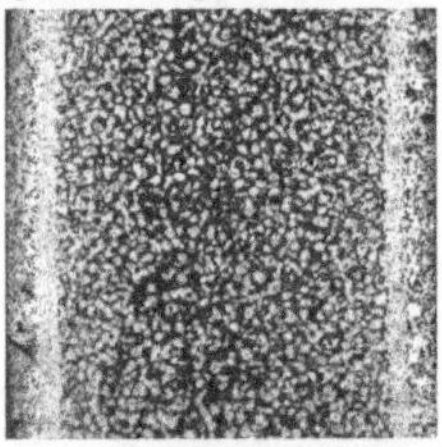 – 1% HF (40%) + 3% HNO_3 (65%) + 3% H_2SO_4 (95%) + 93% H_2O, – 6 secondes de frottement de coton mouillé par solution acide.	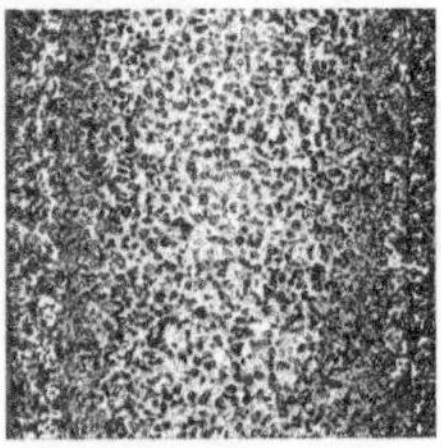 – 5% HF (40%) + 47,5% HNO_3 (65%), – 4 secondes de frottement de coton mouillé par solution acide.

Surface après combinaison de 2 attaques chimiques (à 20°C)		
 – 12 secondes d'attaque : 0,1% HF(40%) + 0,3% HNO_3(65%) + 0,3% H_2SO_4(95%), – 8 secondes d'attaque : 0,5% HF(40%) + 5% HNO_3(65%).	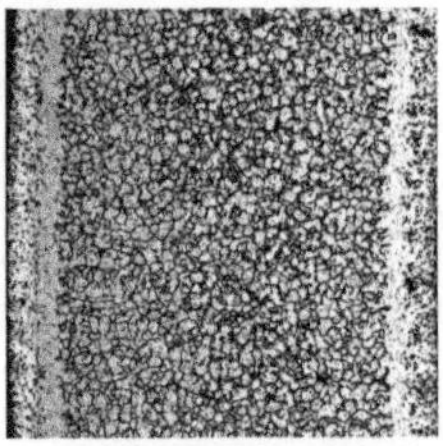 – 8 secondes d'attaque : 0,1% HF(40%) + 0,3% HNO_3(65%) + 0,3% H_2SO_4(95%), – 14 secondes d'attaque : 0,5% HF(40%) + 5% HNO_3(65%).	

FIGURE A.5 – *Quelques mouchetis obtenus par l'attaque chimique sur l'échantillon Zircaloy-4 SRA oxydé sous vapeur d'eau à 900°C pendant 6000 secondes, puis une trempe. Les images sont de dimensions d'environ 500 μm x 500 μm*

VIDEO-MECA-ZY4 N°37

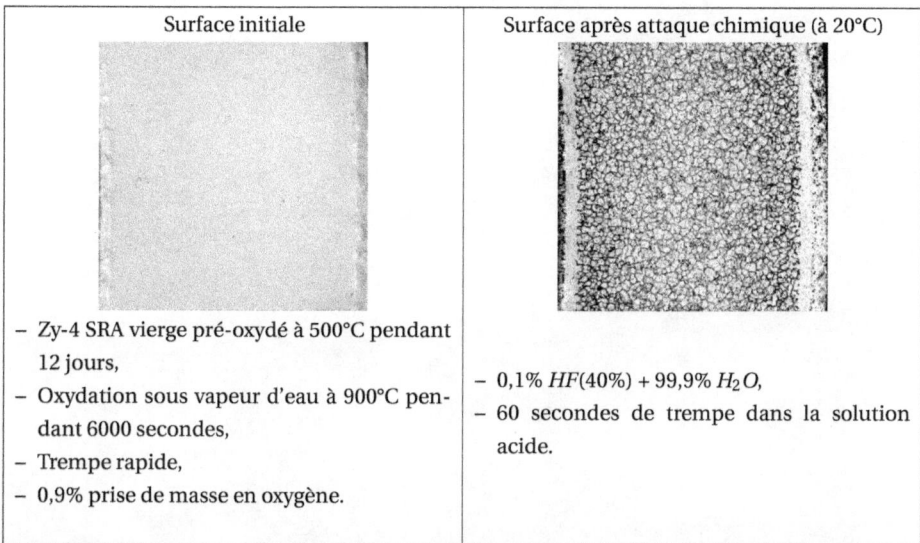

Surface initiale	Surface après attaque chimique (à 20°C)
– Zy-4 SRA vierge pré-oxydé à 500°C pendant 12 jours, – Oxydation sous vapeur d'eau à 900°C pendant 6000 secondes, – Trempe rapide, – 0,9% prise de masse en oxygène.	– 0,1% $HF(40\%)$ + 99,9% H_2O, – 60 secondes de trempe dans la solution acide.

FIGURE A.6 – *Quelques mouchetis obtenus par l'attaque chimique sur l'échantillon Zircaloy-4 SRA pré-oxydé à 500°C pendant 12 jours, puis oxydé sous vapeur d'eau à 900°C pendant 6000 secondes. Les images sont de dimensions d'environ 500 μm x 500 μm*

Notations pour les tenseurs ayant symétries élevées

1   Notions élémentaires sur les tenseurs symétriques

Nous notons par E l'ensemble de tous les triplets de scalaires réels permettant de définir tous les vecteurs de dimension 3, en pratique il s'agit le plus souvent de $\mathbb{R}^3$ où $\mathbb{R}$ est considéré comme un espace vectoriel. Sur une base canonique orthonormée $\{\vec{e}_1, \vec{e}_2, \vec{e}_3\}$ de $\mathbb{R}^3$, soit $\vec{v}$ un vecteur, $\boldsymbol{a}$ un tenseur d'ordre deux symétrique et $\mathbb{A}$ un tenseur d'ordre quatre ayant la symétrie mineure, nous avons :

$$\vec{v} = v_i e_i \,, \tag{B.1}$$

$$\begin{cases} \boldsymbol{a} = a_{ij} e_i \otimes e_j \\ a_{ij} = a_{ji} \end{cases}, \tag{B.2}$$

$$\text{et} \quad \begin{cases} \mathbb{A} = A_{ijkl} e_i \otimes e_j \otimes e_k \otimes e_l \\ A_{ijkl} = A_{jikl} = A_{ijlk} = A_{jilk} \end{cases}. \tag{B.3}$$

Nous adoptons la convention matricielle suivante pour présenter $\boldsymbol{a}$ et $\mathbb{A}$:

$$|\boldsymbol{a}| = \begin{bmatrix} a_{11} \\ a_{22} \\ a_{33} \\ \sqrt{2}a_{23} \\ \sqrt{2}a_{31} \\ \sqrt{2}a_{12} \end{bmatrix} \quad \text{et} \quad |\mathbb{A}| = \begin{bmatrix} A_{1111} & A_{1122} & A_{1133} & \sqrt{2}A_{1123} & \sqrt{2}A_{1131} & \sqrt{2}A_{1112} \\ A_{2211} & A_{2222} & A_{2233} & \sqrt{2}A_{2223} & \sqrt{2}A_{2231} & \sqrt{2}A_{2212} \\ A_{3311} & A_{3322} & A_{3333} & \sqrt{2}A_{3323} & \sqrt{2}A_{3331} & \sqrt{2}A_{3312} \\ \sqrt{2}A_{2311} & \sqrt{2}A_{2322} & \sqrt{2}A_{2333} & 2A_{2323} & 2A_{2331} & 2A_{2312} \\ \sqrt{2}A_{3111} & \sqrt{2}A_{3122} & \sqrt{2}A_{3133} & 2A_{3123} & 2A_{3131} & 2A_{3112} \\ \sqrt{2}A_{1211} & \sqrt{2}A_{1222} & \sqrt{2}A_{1233} & 2A_{1223} & 2A_{1231} & 2A_{1212} \end{bmatrix}. \tag{B.4}$$

1.1   Produits tensoriels

$$(\boldsymbol{a} \otimes \boldsymbol{b})_{ijkl} = a_{ij} b_{kl} \,,$$

$$(\boldsymbol{a} \underline{\otimes} \boldsymbol{b})_{ijkl} = a_{ik} b_{jl} \,, \qquad (\boldsymbol{a} \overline{\otimes} \boldsymbol{b})_{ijkl} = a_{il} b_{jk} \,, \qquad \forall (\boldsymbol{a}, \boldsymbol{b}) \in (E^2)^2 \,, \tag{B.5}$$

$$(\boldsymbol{a} \underline{\overline{\otimes}} \boldsymbol{b})_{ijkl} = \frac{1}{2}(\boldsymbol{a} \underline{\otimes} \boldsymbol{b} + \boldsymbol{a} \overline{\otimes} \boldsymbol{b}) \,.$$

1.2   Produits tensoriels contractés

Soit $\vec{v}$ et $\vec{w}$ des vecteurs, $\boldsymbol{a}$ et $\boldsymbol{b}$ des tenseurs d'ordre 2, $\mathbb{A}$ et $\mathbb{B}$ des tenseurs d'ordre 4 dans la base orthonormée (e_1, e_2, e_3) de $\mathbb{R}^3$, nous avons les produits contractés suivants :

$$\vec{v}.\vec{w} = v_i w_i\,, \qquad \boldsymbol{a}:\boldsymbol{b} = a_{ij}b_{ij}\,, \qquad \mathbb{A}::\mathbb{B} = A_{ijkl}::B_{klij}\,,$$
$$(\boldsymbol{a}.\vec{v}) = a_{ik}v_k\,, \qquad (\boldsymbol{a}.\boldsymbol{b})_{ij} = a_{ik}b_{kj}\,, \tag{B.6}$$
$$(\mathbb{A}:\boldsymbol{a})_{ij} = A_{ijkl}a_{kl}\,, \qquad (\mathbb{A}:\mathbb{B})_{ijkl} = A_{ijmn}B_{mnkl}\,,$$

où $\forall(\vec{v},\vec{w}) \in (E)^2$, $\forall(\boldsymbol{a},\boldsymbol{b}) \in (E^2)^2$, $\forall(\mathbb{A},\mathbb{B}) \in (E^4)^2$.

2 Isotrope

Soit $\boldsymbol{i}$ (resp. $\mathbb{I}$) est l'identité d'ordre 2 (resp. ordre 4) :

$$\begin{cases} i_{ij} = \delta_{ij}\,, \\ \alpha_1 \boldsymbol{i} + \alpha_2 \boldsymbol{i} = (\alpha_1 + \alpha_2)\boldsymbol{i}\,, \qquad (\alpha \boldsymbol{i})^{-1} = \alpha^{-1}\boldsymbol{i}\,, \qquad (\boldsymbol{i} \otimes \boldsymbol{i}):(\boldsymbol{i} \otimes \boldsymbol{i}) = 3\boldsymbol{i} \otimes \boldsymbol{i}\,, \\ \mathbb{I} = \overline{\boldsymbol{i} \otimes} \boldsymbol{i}\,, \end{cases} \tag{B.7}$$

et soit $\mathbb{A}$ un tenseur d'ordre 4 isotrope symétrique, $\mathbb{A}$ est défini par :

$$\mathbb{A} = \frac{\mathbb{J}::\mathbb{A}}{\mathbb{J}::\mathbb{J}}\mathbb{J} + \frac{\mathbb{K}::\mathbb{A}}{\mathbb{K}::\mathbb{K}}\mathbb{K} = (\mathbb{J}::\mathbb{A})\mathbb{J} + \frac{1}{5}(\mathbb{K}::\mathbb{A})\mathbb{K} = \alpha\mathbb{J} + \beta\mathbb{K}\,, \tag{B.8}$$

où $\mathbb{J} = \frac{1}{3}\boldsymbol{i} \otimes \boldsymbol{i}$ et $\mathbb{K} = \mathbb{I} - \mathbb{J}$. $\mathbb{J}$ et $\mathbb{K}$ sont les projecteurs sur les espaces des tenseurs d'ordre 2 isotropes et déviatoriques, ils présentent les propriétés suivantes :

$$\begin{cases} \mathbb{J}:\mathbb{J} = \mathbb{J}\,, \qquad \mathbb{K}:\mathbb{K} = \mathbb{K}\,, \qquad \mathbb{J}:\mathbb{K} = \mathbb{K}:\mathbb{J} = 0\,, \\ \mathbb{I}::\mathbb{I} = 6\,, \qquad \mathbb{J}::\mathbb{J} = 1\,, \qquad \mathbb{K}::\mathbb{K} = 5\,, \\ \mathbb{J}:\boldsymbol{a} = \frac{1}{3}\text{tr}(\boldsymbol{a})\boldsymbol{i} = \frac{a_{11} + a_{22} + a_{33}}{3}\begin{bmatrix} 1 & 0 & 0 \\ 0 & 1 & 0 \\ 0 & 0 & 1 \end{bmatrix}\,, \\ \mathbb{K}:\boldsymbol{a} = \text{dev}(\boldsymbol{a}) = \boldsymbol{a} - \frac{1}{3}\text{tr}(\boldsymbol{a})\boldsymbol{i} = \frac{1}{3}\begin{bmatrix} 2a_{11} - a_{22} - a_{33} & 3a_{12} & 3a_{13} \\ 3a_{12} & 2a_{22} - a_{11} - a_{33} & 3a_{23} \\ 3a_{13} & 3a_{23} & 2a_{33} - a_{11} - a_{22} \end{bmatrix}\,, \\ \mathbb{J}::\mathbb{A} = \frac{1}{3}A_{iijj}\,, \qquad \mathbb{K}::\mathbb{A} = \frac{1}{3}\left(3A_{ijij} - A_{iijj}\right)\,, \end{cases} \tag{B.9}$$

où A_{iijj} est la somme des 9 termes du bloc 3x3 supérieur gauche et A_{ijij} est la somme des 6 termes de la diagonale de $|\mathbb{A}|$. L'inversion de $\mathbb{A}$ est :

$$\mathbb{A}^{-1} = \alpha^{-1}\mathbb{J} + \beta^{-1}\mathbb{K}\,. \tag{B.10}$$

Si $\mathbb{A}$ désigne un tenseur des modules d'élasticité isotrope, (α,β) présentent les propriétés suivantes :

$$\alpha = 3k\,, \qquad \beta = 2\mu\,, \tag{B.11}$$

où k et μ sont respectivement les modules de compressibilité et de cisaillement.

3 Isotrope transverse

Soit n le vecteur unitaire parallèle à l'axe d'isotropie transverse, i_T (resp. $\mathbb{I}_T$) l'identité d'ordre 2 (resp. ordre 4) dans le plan transverse :

$$
\begin{cases}
i_T = i - n \otimes n =
\begin{bmatrix} 1 & 0 & 0 \\ 0 & 1 & 0 \\ 0 & 0 & 1 \end{bmatrix}
-
\begin{bmatrix} 0 & 0 & 0 \\ 0 & 0 & 0 \\ 0 & 0 & 1 \end{bmatrix}
=
\begin{bmatrix} 1 & 0 & 0 \\ 0 & 1 & 0 \\ 0 & 0 & 0 \end{bmatrix}, \\[4mm]
i_T \otimes i_T = i_T, \qquad (n \otimes n).(n \otimes n) = n \otimes n, \qquad i_T.(n \otimes n) = (n \otimes n).i_T = 0, \\[2mm]
\mathbb{I}_T = i_T \overline{\underline{\otimes}} \, i_T.
\end{cases}
\tag{B.12}
$$

Soit a un tenseur d'ordre 2 isotrope transverse défini par :

$$
a = \alpha \, n \otimes n + \beta \, i_T.
\tag{B.13}
$$

L'inversion de a est :

$$
a^{-1} = \alpha^{-1} n \otimes n + \beta^{-1} i_T.
\tag{B.14}
$$

Soit $\mathbb{A}$ un tenseur d'ordre 4 isotrope transverse, $\mathbb{A}$ est défini par :

$$
\begin{aligned}
\mathbb{A} &= \frac{\mathbb{E}_L :: \mathbb{A}}{\mathbb{E}_L :: \mathbb{E}_L}\mathbb{E}_L + \frac{\mathbb{J}_T :: \mathbb{A}}{\mathbb{J}_T :: \mathbb{J}_T}\mathbb{J}_T + \frac{{}^{\mathsf{T}}\mathbb{F} :: \mathbb{A}}{{}^{\mathsf{T}}\mathbb{F} :: {}^{\mathsf{T}}\mathbb{F}}\mathbb{F} + \frac{\mathbb{F} :: \mathbb{A}}{\mathbb{F} :: \mathbb{F}}{}^{\mathsf{T}}\mathbb{F} + \frac{\mathbb{K}_T :: \mathbb{A}}{\mathbb{K}_T :: \mathbb{K}_T}\mathbb{K}_T + \frac{\mathbb{K}_L :: \mathbb{A}}{\mathbb{K}_L :: \mathbb{K}_L}\mathbb{K}_L \\[2mm]
&= (\mathbb{E}_L :: \mathbb{A})\mathbb{E}_L + (\mathbb{J}_T :: \mathbb{A})\mathbb{J}_T + \left({}^{\mathsf{T}}\mathbb{F} :: \mathbb{A}\right)\mathbb{F} + (\mathbb{F} :: \mathbb{A}){}^{\mathsf{T}}\mathbb{F} + (\mathbb{K}_T :: \mathbb{A})\mathbb{K}_T + (\mathbb{K}_L :: \mathbb{A})\mathbb{K}_L \\[2mm]
&= \alpha \mathbb{E}_L + \beta \mathbb{J}_T + \gamma \mathbb{F} + \gamma'\,{}^{\mathsf{T}}\mathbb{F} + \delta \mathbb{K}_T + \delta' \mathbb{K}_L,
\end{aligned}
\tag{B.15}
$$

où

$$
\begin{cases}
\mathbb{E}_L = n \otimes n \otimes n \otimes n \\[2mm]
\mathbb{J}_T = \dfrac{1}{2} i_T \otimes i_T \\[2mm]
\mathbb{F} = \dfrac{1}{\sqrt{2}} n \otimes n \otimes i_T \\[2mm]
{}^{\mathsf{T}}\mathbb{F} = \dfrac{1}{\sqrt{2}} i_T \otimes n \otimes n \\[2mm]
\mathbb{K}_T = \mathbb{I}_T - \mathbb{J}_T \\[2mm]
\mathbb{K}_E = \dfrac{1}{6}(2n \otimes n - i_T) \otimes (2n \otimes n - i_T) \\[2mm]
\mathbb{K}_L = \mathbb{K} - \mathbb{K}_T - \mathbb{K}_E = 2[n \otimes i_T \otimes n]^{(S)}
\end{cases}
\tag{B.16}
$$

$(\mathbb{E}_L, \mathbb{J}_T, \mathbb{K}_T, \mathbb{K}_E, \mathbb{K}_L)$ sont les projecteurs et présentent les propriétés suivantes :

$$\begin{cases}
\mathbb{E}_L : \mathbb{E}_L = \mathbb{E}_L, \qquad \mathbb{J}_T : \mathbb{J}_T = \mathbb{J}_T, \\[4pt]
\mathbb{K}_T : \mathbb{K}_T = \mathbb{K}_T, \qquad \mathbb{K}_E : \mathbb{K}_E = \mathbb{K}_E, \qquad \mathbb{K}_L : \mathbb{K}_L = \mathbb{K}_L, \\[4pt]
\mathbb{J}_T : \mathbb{E}_L = \mathbb{J}_T : \mathbb{K}_T = \mathbb{J}_T : \mathbb{K}_L = \mathbb{E}_L : \mathbb{K}_T = \mathbb{E}_L : \mathbb{K}_L = \mathbb{K}_T : \mathbb{K}_L = 0, \\[4pt]
\mathbb{E}_L :: \mathbb{E}_L = \mathbb{J}_T :: \mathbb{J}_T = 1, \qquad \mathbb{K}_T :: \mathbb{K}_T = \mathbb{K}_L :: \mathbb{K}_L = 2, \\[4pt]
\mathbb{I}_T : \boldsymbol{a} = \begin{bmatrix} a_{11} & a_{12} & 0 \\ a_{21} & a_{22} & 0 \\ 0 & 0 & 0 \end{bmatrix}, \qquad \mathbb{J}_T : \boldsymbol{a} = \dfrac{a_{11}+a_{22}}{2} \begin{bmatrix} 1 & 0 & 0 \\ 0 & 1 & 0 \\ 0 & 0 & 0 \end{bmatrix}, \qquad \mathbb{E}_L : \boldsymbol{a} = \begin{bmatrix} 0 & 0 & 0 \\ 0 & 0 & 0 \\ 0 & 0 & a_{33} \end{bmatrix}, \\[12pt]
\mathbb{K}_T : \boldsymbol{a} = \dfrac{1}{2}\begin{bmatrix} a_{11}-a_{22} & a_{12}+a_{21} & 0 \\ a_{12}+a_{21} & a_{22}-a_{11} & 0 \\ 0 & 0 & 0 \end{bmatrix}, \qquad \mathbb{K}_E : \boldsymbol{a} = \dfrac{2a_{33}-a_{11}-a_{22}}{6}\begin{bmatrix} -1 & 0 & 0 \\ 0 & -1 & 0 \\ 0 & 0 & 2 \end{bmatrix}, \\[12pt]
\mathbb{K}_L : \boldsymbol{a} = \dfrac{1}{2}\begin{bmatrix} 0 & 0 & a_{13}+a_{31} \\ 0 & 0 & a_{23}+a_{32} \\ a_{13}+a_{31} & a_{23}+a_{32} & 0 \end{bmatrix}, \\[12pt]
\mathbb{F} : \boldsymbol{a} = \dfrac{1}{\sqrt{2}}\begin{bmatrix} a_{33} & 0 & 0 \\ 0 & a_{33} & 0 \\ 0 & 0 & 0 \end{bmatrix}, \qquad {}^T\mathbb{F} : \boldsymbol{a} = \dfrac{1}{\sqrt{2}}\begin{bmatrix} 0 & 0 & 0 \\ 0 & 0 & 0 \\ 0 & 0 & a_{11}+a_{22} \end{bmatrix}, \\[12pt]
\mathbb{E}_L :: \mathbb{A} = A_{3333}, \qquad \mathbb{J}_T :: \mathbb{A} = \dfrac{1}{2}A_{aabb} \quad \text{avec} \quad (a,b) \in [1,2]^2, \\[8pt]
\mathbb{K}_T :: \mathbb{A} = \dfrac{1}{2}(A_{abab} + A_{abba} + A_{aabb}), \qquad \mathbb{K}_L :: \mathbb{A} = \dfrac{1}{2}(A_{a3a3} + A_{a33a} + A_{3a3a} + A_{3aa3}).
\end{cases} \qquad \text{(B.17)}$$

$\mathbb{F}$ n'est pas un projecteur et présente les propriétés suivantes :

$$\begin{cases}
\mathbb{F} : \mathbb{F} = 0, \qquad \mathbb{F} : {}^T\mathbb{F} = \mathbb{J}_T, \qquad {}^T\mathbb{F} : \mathbb{F} = \mathbb{E}_L, \\[4pt]
\mathbb{F} : \mathbb{K}_L = \mathbb{F} : \mathbb{K}_T = \mathbb{K}_L : \mathbb{F} = \mathbb{K}_T : \mathbb{F} = 0, \\[4pt]
\mathbb{F} : \mathbb{E}_L = \mathbb{J}_T : \mathbb{F} = \mathbb{F}, \qquad \mathbb{E}_L : \mathbb{F} = \mathbb{F} : \mathbb{J}_T = 0, \\[4pt]
{}^T\mathbb{F} : \mathbb{K}_L = {}^T\mathbb{F} : \mathbb{K}_T = \mathbb{K}_L : {}^T\mathbb{F} = \mathbb{K}_T : {}^T\mathbb{F} = 0, \\[4pt]
{}^T\mathbb{F} : \mathbb{J}_T = \mathbb{E}_L : {}^T\mathbb{F} = {}^T\mathbb{F}, \qquad \mathbb{J}_T : {}^T\mathbb{F} = {}^T\mathbb{F} : \mathbb{E}_L = 0, \\[4pt]
{}^T\mathbb{F} :: \mathbb{F} = \mathbb{F} :: {}^T\mathbb{F} = 1, \\[4pt]
\mathbb{F} :: \mathbb{A} = \dfrac{1}{\sqrt{2}}A_{33aa}, \qquad {}^T\mathbb{F} :: \mathbb{A} = \dfrac{1}{\sqrt{2}}A_{aa33} \quad \text{avec} \quad (a,b) \in [1,2]^2.
\end{cases} \qquad \text{(B.18)}$$

$\mathbb{A}$ peut être noté sous forme d'un triplet d'une matrice 2x2 et de 2 scalaires :

$$\mathbb{A} = \{\boldsymbol{a}, \delta, \delta'\}, \qquad \boldsymbol{a} = \begin{bmatrix} \alpha & \gamma' \\ \gamma & \beta \end{bmatrix}. \qquad \text{(B.19)}$$

L'inversion de $\mathbb{A}$ est :

$$\mathbb{A}^{-1} = \{\boldsymbol{a}, \delta, \delta'\}^{-1} = \{\boldsymbol{a}^{-1}, \delta^{-1}, \delta'^{-1}\}, \qquad \boldsymbol{a}^{-1} = \begin{bmatrix} \beta & -\gamma' \\ -\gamma & \alpha \end{bmatrix}. \qquad \text{(B.20)}$$

Si $\mathbb{A}$ désigne un tenseur des modules d'élasticité isotrope, $(\alpha, \beta, \gamma, \gamma', \delta, \delta')$ présentent les propriétés suivantes :

$$\begin{cases} \alpha = k + \dfrac{4\mu}{3}, \qquad \beta = 2K, \qquad \gamma = \gamma' = \sqrt{2}\left(k - \dfrac{2\mu}{3}\right), \\ \delta = 2\mu^t, \qquad \delta' = 2\mu^l, \qquad \mu^t = \mu^l = \mu, \end{cases}$$ (B.21)

où K, k et μ sont respectivement des modules de compressibilité plane, de compressibilité tridimensionnelle et de cisaillement.

4 Symétrie cubique

Soit $\mathbb{A}$ un tenseur d'ordre 4 ayant la symétrie cubique, $\mathbb{A}$ est défini par :

$$\begin{aligned} \mathbb{A} &= \left(\frac{\mathbb{J}::\mathbb{A}}{\mathbb{J}::\mathbb{J}}\right)\mathbb{J} + \left(\frac{\mathbb{K}_a::\mathbb{A}}{\mathbb{K}_a::\mathbb{K}_a}\right)\mathbb{K}_a + \left(\frac{\mathbb{K}_b::\mathbb{A}}{\mathbb{K}_b::\mathbb{K}_b}\right)\mathbb{K}_b \\ &= (\mathbb{J}::\mathbb{A})\mathbb{J} + \frac{1}{2}(\mathbb{K}_a::\mathbb{A})\mathbb{K}_a + \frac{1}{3}(\mathbb{K}_b::\mathbb{A})\mathbb{K}_b \\ &= \alpha\mathbb{J} + \beta\mathbb{K}_a + \gamma\mathbb{K}_b, \end{aligned}$$ (B.22)

où

$$\begin{cases} \mathbb{J} = \dfrac{1}{3}\boldsymbol{i}\otimes\boldsymbol{i} \\ \mathbb{K} = \mathbb{I} - \mathbb{J} \\ \mathbb{N} = \boldsymbol{t}\otimes\boldsymbol{t}\otimes\boldsymbol{t}\otimes\boldsymbol{t} + \boldsymbol{n}\otimes\boldsymbol{n}\otimes\boldsymbol{n}\otimes\boldsymbol{n} + \boldsymbol{k}\otimes\boldsymbol{k}\otimes\boldsymbol{k}\otimes\boldsymbol{k} \\ \mathbb{K}_a = \mathbb{N} - \mathbb{J} \\ \mathbb{K}_b = \mathbb{K} - \mathbb{K}_a = \mathbb{I} - \mathbb{N} \end{cases}$$ (B.23)

et $(\boldsymbol{t}, \boldsymbol{n}, \boldsymbol{k})$ sont les trois vecteurs unitaires d'une base orthogonale.

$(\mathbb{J}, \mathbb{K}_a, \mathbb{K}_b)$ sont les projecteurs et présentent les propriétés suivantes :

$$\begin{cases} \mathbb{J}:\mathbb{J} = \mathbb{J}, \qquad \mathbb{K}_a:\mathbb{K}_a = \mathbb{K}_a, \qquad \mathbb{K}_b:\mathbb{K}_b = \mathbb{K}_b, \\ \mathbb{J}:\mathbb{K}_a = \mathbb{K}_a:\mathbb{J} = \mathbb{J}:\mathbb{K}_b = \mathbb{K}_b:\mathbb{J} = \mathbb{K}_a:\mathbb{K}_b = \mathbb{K}_b:\mathbb{K}_a = 0, \\ \mathbb{J}:\boldsymbol{a} = \dfrac{a_{11} + a_{22} + a_{33}}{3}\begin{bmatrix} 1 & 0 & 0 \\ 0 & 1 & 0 \\ 0 & 0 & 1 \end{bmatrix}, \\ \mathbb{K}_a:\boldsymbol{a} = \begin{bmatrix} a_{11} & 0 & 0 \\ 0 & a_{22} & 0 \\ 0 & 0 & a_{33} \end{bmatrix} - \dfrac{a_{11} + a_{22} + a_{33}}{3}\begin{bmatrix} 1 & 0 & 0 \\ 0 & 1 & 0 \\ 0 & 0 & 1 \end{bmatrix}, \\ \mathbb{K}_b:\boldsymbol{a} = \dfrac{1}{2}\begin{bmatrix} 0 & a_{12}+a_{21} & a_{13}+a_{31} \\ a_{12}+a_{21} & 0 & a_{23}+a_{32} \\ a_{13}+a_{31} & a_{23}+a_{32} & 0 \end{bmatrix}. \end{cases}$$ (B.24)

$\mathbb{A}$ peut être noté sous la forme d'un triplet de 3 scalaires :

$$\mathbb{A} = \{\alpha, \beta, \gamma\}.$$ (B.25)

L'inversion de $\mathbb{A}$ est :

$$\mathbb{A}^{-1} = \{\alpha, \beta, \gamma\}^{-1} = \{\alpha^{-1}, \beta^{-1}, \gamma^{-1}\}.$$ (B.26)

Bibliographie

[1] S. Avril, M. Bonnet, A.S. Bretelle, M. Grédiac, F. Hild, P. Ienny, F. Latourte, D. Lemosse, S. Pagano, E. Pagnacco, et al. Overview of identification methods of mechanical parameters based on full-field measurements. *Experimental Mechanics*, 48(4) :381–402, 2008.

[2] C. Badulescu. *Calcul précis des déformations planes par la méthode de la grille. Application à l'étude d'un multicristal d'aluminium*. PhD thesis, Université Blaise Pascal-Clermont-Ferrand II, 2010.

[3] L. Barham, C. Baher, and E. Conley. Speckle-photography study of nuclear-waste vault deformations. *Experimental mechanics*, 36(1) :42–48, 1996.

[4] F. Barré, C. Grandjean, M. Petit, J.C. Micaelli, and D.P. des Accidents Majeurs. Fuel R&D Needs and Strategy towards a Revision of Acceptance Criteria. *Science and Technology of Nucear Installations*, 2010.

[5] Y. Basar and D. Weichert. *Nonlinear Continuum Mechanics of Solids : Fundamental Mathematical and Physical Concepts*. Springer, 2000.

[6] A.F. Bastawros and K.S. Kim. Experimental analysis of near-crack-tip plastic flow and deformation characteristics (i) : Polycrystalline aluminum. *Journal of the Mechanics and Physics of Solids*, 48(1) :67–98, 2000.

[7] F. Bernard, L. Daudeville, and R. Gy. La photoélasticité : un moyen de contrôle des structures en verre. In *Colloque Photomécanique*, pages 89–96, 2004.

[8] L. Bodelot. *Étude couplée des champs cinématiques et thermiques à l'échelle de la microstructure des matériaux métalliques*. PhD thesis, Université des Sciences et Technologie de Lille-Lille I, 2008.

[9] M. Bornert. *Morphologie microstructurale et comportement mécanique ; caractérisations expérimentales, approches par bornes et estimations autocohérentes généralisées*. PhD thesis, Thèse de l'Ecole nationale des ponts et chaussées, Paris, 1996.

[10] M. Bornert, F. Brémand, P. Doumalin, J.C. Dupré, M. Fazzini, M. Grédiac, F. Hild, S. Mistou, J. Molimard, J.J. Orteu, et al. Assessment of digital image correlation measurement errors : methodology and results. *Experimental mechanics*, 49(3) :353–370, 2009.

[11] M. Bornert, T. Bretheau, and P. Gilormini. *Homogénéisation en mécanique des matériaux 2 : Comportements non linéaires et problémes ouverts (Traité MIM, série alliages métalliques)*. Hermes Science, Paris, 2000.

[12] M. Bornert, T. Bretheau, and P. Gilormini. *Homogénéisation en mécanique des matériaux 1 : Matériaux aléatoires élastiques et milieux périodiques (Traité MIM, série alliages métalliques)*. Hermes Science, Paris, 2001.

[13] J.C. Brachet, D. Hamon, S. Urvoy, and A. Bougault. Données internes cea. 2007.

[14] L.R. Bunnell, J.L. Bates, and G.B. Mellinger. Some high-temperature properties of zircaloy-oxygen alloys. *Journal of Nuclear Materials*, 116(2) :219–232, 1983.

[15] L.R. Bunnell, G.B. Mellinger, J.L. Bates, and C.R. Hann. High temperature properties of zircaloy-o alloys. *Electric Power Research Institute, 3412 Hillview Ave., Palo Alto, Calif. Mar. 1977, 207 p*, 1977.

[16] V. Busser, M.C. Baietto-Dubourg, J. Desquines, C. Duriez, and J.P. Mardon. Mechanical response of oxidized zircaloy-4 cladding material submitted to a ring compression test. *Journal of Nuclear Materials*, 384(2) :87–95, 2009.

[17] G. Cailletaud, M. Tijani, P. Pilvin, and H. Proudhon. Mécanique des matériaux solides. *Notes de cours. Mines Paris-Paristech*, 2007.

[18] D. J. Chen, F. P. Chiang, Y. S. Tan, and H. S. Don. Digital speckle-displacement measurement using a complex spectrum method. *Applied Optics*, 32(11) :1839–1849, 1993.

[19] T. Y. Chen. Digital determination of photoelastic birefringence using two wavelengths. *Experimental mechanics*, 37(3) :232–236, 1997.

[20] H.M. Chung and T.F. Kassner. Pseudobinary zircaloy-oxygen phase diagram. *Journal of Nuclear Materials*, 84(1) :327–339, 1979.

[21] D. Claire, F. Hild, and S. Roux. Identification of damage fields using kinematic measurements. *Comptes Rendus Mecanique*, 330(11) :729–734, 2002.

[22] S. Degallaix. *Caractérisation expérimentale des matériaux : Propriétés physiques, thermiques et mécaniques*, volume 1. PPUR presses polytechniques, 2007.

[23] F. Devernay. *Vision stéréoscopique et propriétés différentielles des surfaces*. PhD thesis, Ecole Polytechnique X, 1997.

[24] P. Doumalin. *Microextensométrie locale par corrélation d'images numériques*. PhD thesis, Ecole Polytechnique X, 2000.

[25] A. El Bartali. *Apport des mesures de champs cinématiques à l'étude des micromécanismes d'endommagement en fatigue plastique d'un acier inoxydable duplex*. PhD thesis, Ecole Centrale de Lille, 2007.

[26] A.E. Ennos. Measurement of in-plane surface strain by hologram interferometry. *Journal of Physics E : Scientific Instruments*, 1(7) :731, 2002.

[27] J.D. Eshelby. The determination of the elastic field of an ellipsoidal inclusion, and related problems. *Proceedings of the Royal Society of London. Series A. Mathematical and Physical Sciences*, 241(1226) :376–396, 1957.

[28] A.W. Fitzgibbon. Simultaneous linear estimation of multiple view geometry and lens distortion. In *Computer Vision and Pattern Recognition, 2001. CVPR 2001. Proceedings of the 2001 IEEE Computer Society Conference on*, volume 1, pages I–125. IEEE, 2001.

[29] D. François, A. Pineau, and A. Zaoui. *Comportement mécanique des matériaux : viscoplasticité, endommagement, mécanique de la rupture, mécanique du contact.* Hermes, 1995.

[30] C. García, D. Celentano, F. Flores, and J.P. Ponthot. Numerical modelling and experimental validation of steel deep drawing processes : Part i. material characterization. *Journal of materials processing technology*, 172(3) :451–460, 2006.

[31] D. Garcia. *Mesure de formes et de champs de déplacements tridimensionnels par stéréocorrélation d'images.* PhD thesis, Institut National Polytechnique de Toulouse-INPT, 2001.

[32] J. Germain. *Contribution à l'étude de champs de déformations par granularité laser en élastoplasticité grandes déformations.* PhD thesis, Université Montpellier II, 1995.

[33] G. Geymonat, F. Hild, and S. Pagano. Identification of elastic parameters by displacement field measurement. *Comptes Rendus Mecanique*, 330(6) :403–408, 2002.

[34] C. Grandjean and L. Belovski. Oxidation of Zircaloy under LOCA conditions ; development of the diffusion code DIFFOX 1.1. In *Proceedings of the ANL LOCA Program Review Meeting*, Argonne National Laboratory, Argonne, Ill, USA, 2007.

[35] M. Grange. *Fragilisation du Zircaloy-4 par l'hydrogène : comportement, mécanismes d'endommagement, interaction avec la couche d'oxyde, simulation numérique.* PhD thesis, École Nationale Supérieure des Mines de Paris, 1998.

[36] M. Grédiac, E. Toussaint, and F. Pierron. L'identification des propriétés mécaniques de matériaux avec la méthode des champs virtuels, une alternative au recalage par éléments finis. *Comptes rendus. Mécanique*, 330(2) :107–112, 2002.

[37] Michel Grediac. The use of full-field measurement methods in composite material characterization : interest and limitations. *Composites Part A : applied science and manufacturing*, 35(7) :751–761, 2004.

[38] S. Guilbert, C. Duriez, and C. Grandjean. Influence of a pre-oxide layer on oxygen diffusion and on post-quench mechanical properties of zircaloy-4 after steam oxidation at 900°c. *Proceedings of 2010 LWR Fuel Performance/TopFuel/WRFPM, Orlando, Florida, USA, September 26-29*, 2010.

[39] Z. Guo, H. Xie, B. Liu, F. Dai, P. Chen, Q. Zhang, and F. Huang. Study on deformation of polycrystalline aluminum alloy using moiré interferometry. *Experimental mechanics*, 46(6) :699–711, 2006.

[40] K. Habib. Thermally induced deformations measured by shearography. *Optics & Laser Technology*, 37(6) :509–512, 2005.

[41] J. Heikkila. Geometric camera calibration using circular control points. *Pattern Analysis and Machine Intelligence, IEEE Transactions on*, 22(10) :1066–1077, 2000.

[42] A.V. Hershey. The elasticity of an isotropic aggregate of anisotropic cubic crystals. *J. appl. Mech*, 21(3) :226–240, 1954.

[43] F. Hild. Correli lmt : A software for displacement field measurements by digital image correlation. Technical report, Internal Report n°254, ENS Cachan (LMT Cachan, France), 2002.

[44] F. Hild and S. Roux. Digital image correlation : from displacement measurement to identification of elastic properties–a review. *Strain*, 42(2) :69–80, 2006.

[45] F. Hild and S. Roux. Correli q4 : A software for-finite-element-displacement field measurements by digital image correlation. *Internal report*, (269), 2008.

[46] R. Hill. A self-consistent mechanics of composite materials. *Journal of the Mechanics and
Physics of Solids*, 13(4) :213–222, 1965.

[47] R. Hill. Continuum micro-mechanics of elastoplastic polycrystals. *Journal of the Mechanics
and Physics of Solids*, 13(2) :89–101, 1965.

[48] Y.H. Huang, S.P. Ng, L. Liu, C.L. Li, Y.S. Chen, and Y.Y. Hung. Ndt&e using shearography with
impulsive thermal stressing and clustering phase extraction. *Optics and Lasers in Engineering*, 47(7) :774–781, 2009.

[49] Y.Y. Hung, Y.S. Chen, S.P. Ng, L. Liu, Y.H. Huang, B.L. Luk, R.W.L. Ip, C.M.L. Wu, and P.S.
Chung. Review and comparison of shearography and active thermography for nondestructive evaluation. *Materials Science and Engineering : R : Reports*, 64(5) :73–112, 2009.

[50] M. Ikehata. Inversion formulas for the linearized problem for an inverse boundary value
problem in elastic prospection. *SIAM Journal on Applied Mathematics*, 50(6) :1635–1644,
1990.

[51] R. Jones and C. Wykes. *Holographic and speckle interferometry*, volume 6. Cambridge University Press, 1989.

[52] P. Kaufmann and E. Baroch. Potential for improvement of mechanical properties in zircaloy
cold-rolled strip and sheet. In *Symposium on Zirconium in Nuclear Applications, ASTM STP*,
volume 551, pages 129–139, 1974.

[53] E. Kroner. Bounds for effective elastic moduli of disordered materials. *Journal of the Mechanics and Physics of Solids*, 25(2) :137–155, 1977.

[54] F.A. La Porta, J.M. Huntley, T.E. Chung, and R.G. Faulkner. High-magnification moiré interferometer for crack tip analysis of steels. *Experimental mechanics*, 40(1) :90–95, 2000.

[55] F. Labbe and R.R Cordero. Monitoring the plastic deformation progression of a specimen
undergoing tensile deformation by moiré interferometry. *Measurement Science and Technology*, 16(7) :1469, 2005.

[56] P. Ladeveze, D. Nedjar, and M. Reynier. Updating of finite element models using vibration
tests. *AIAA journal*, 32(7) :1485–1491, 1994.

[57] J.A. Leendertz. Interferometric displacement measurement on scattering surfaces utilizing
speckle effect. *Journal of Physics E : Scientific Instruments*, 3(3) :214, 2002.

[58] J. Lemaitre, J.L. Chaboche, A. Benallal, and R. Desmorat. *Mécanique des matériaux solides-
3ème édition*. Dunod, 2009.

[59] D.C. Liu and J. Nocedal. On the limited memory bfgs method for large scale optimization.
Mathematical programming, 45(1) :503–528, 1989.

[60] L. Ma, Y.Q. Chen, and K.L. Moore. Flexible camera calibration using a new analytical radial
undistortion formula with application to mobile robot localization. In *Intelligent Control.
2003 IEEE International Symposium on*, pages 799–804. IEEE, 2003.

[61] Y. Morimoto, Y. Morimoto Jr, and T. Hayashi. Separation of isochromatics and isoclinics using Fourier transform. *Experimental techniques*, 18(5) :13–17, 1994.

[62] R. Moulard. *Développement et mise en oeuvre d'une méthode de mesure de champs de déformation à l'échelle micrométrique*. PhD thesis, Ecole nationale supérieure d'arts et métiers-ENSAM, 2007.

[63] T. Mura. *Micromechanics of defects in solids*, volume 3. Springer, 1987.

[64] G. Nicoletto. On the visualization of heterogeneous plastic strains by moiré interferometry. *Optics and lasers in engineering*, 37(4) :433–442, 2002.

[65] D.O. Northwood and H.E. Rosinger. Influence of oxygen on the elastic properties of zircaloy-4. *Journal of Nuclear Materials*, 89(1) :147–154, 1980.

[66] W.C. Oliver and G.M. Pharr. Measurement of hardness and elastic modulus by instrumented indentation : Advances in understanding and refinements to methodology. *Journal of materials research*, 19(01) :3–20, 2004.

[67] B. Pan, A. Asundi, H. Xie, and J. Gao. Digital image correlation using iterative least squares and pointwise least squares for displacement field and strain field measurements. *Optics and Lasers in Engineering*, 47(7) :865–874, 2009.

[68] B. Pan, H. Xie, Z. Wang, K. Qian, and Z. Wang. Study on subset size selection in digital image correlation for speckle patterns. *Optics express*, 16(10) :7037–7048, 2008.

[69] N.G. Park, S.K. Park, S.H. Baik, and Y.J. Kang. A preliminary study on noncontact imaging inspection for internal defects of plate-type nuclear fuel by using an active laser interferometer. *Nuclear Engineering and Design*, 256 :153–159, 2013.

[70] A. Pirard. *La photoélasticité*. Dunod, 1947.

[71] D. Post, B.T. Han, and P. Ifju. *High sensitivity moiré : experimental analysis for mechanics and materials*. Springer, 1997.

[72] W.H. Presse, B.P. Flannery, S. Teukolsky, and W. Wetterling. Numerical recipies in c. *Press Syndicate of the University of Cambridge*, 1988.

[73] B.G. Quinn. Estimating frequency by interpolation using fourier coefficients. *Signal Processing, IEEE Transactions on*, 42(5) :1264–1268, 1994.

[74] A.L. Rechenmacher. Grain-scale processes governing shear band initiation and evolution in sands. *Journal of the Mechanics and Physics of Solids*, 54(1) :22–45, 2006.

[75] I.G. Ritchie. Improved resonant bar techniques for the measurement of dynamic elastic moduli and a test of the timoshenko beam theory. *Journal of Sound and Vibration*, 31(4) :453–468, 1973.

[76] H.E. Rosinger and D.O. Northwood. The elastic properties of zirconium alloy fuel cladding and pressure tubing materials. *Journal of Nuclear Materials*, 79(1) :170–179, 1979.

[77] B.M. Sadeghi. *Analyses et Identification du comportement mécanique d'aciers à effet TRIP à partir de mesures de champs cinématiques*. PhD thesis, Arts et Métiers ParisTech, 2010.

[78] H.W. Schreier, J.R. Braasch, and M.A. Sutton. Systematic errors in digital image correlation caused by intensity interpolation. *Optical Engineering*, 39(11) :2915–2921, 2000.

[79] V.P. Shchepinov and V.S. Pisarev. Strain and stress analysis by holographic and speckle interferometry. *Measurement Science and Technology*, 7(9), 2009.

[80] F. Sidoroff. Cours sur les grandes déformations. *Rapport Greco*, (51), 1982.

[81] G. Silva, R. Le Riche, J. Molimard, A. Vautrin, and C. Galerne. Identification of material properties using femu : application to the open hole tensile test. *Applied Mechanics and Materials*, 7 :73–78, 2007.

[82] P. Smigielski. *Interférométrie de speckle*. Ed. Techniques Ingénieur, 2001.

[83] E. Soppa, P. Doumalin, P. Binkele, T. Wiesendanger, M. Bornert, and S. Schmauder. Experimental and numerical characterisation of in-plane deformation in two-phase materials. *Computational Materials Science*, 21(3) :261–275, 2001.

[84] G.P. Stein. Internal camera calibration using rotation and geometric shapes. 1993.

[85] A. Stern. *Comportements métallurqigue et mécanique des matériaux de gainage du combustible rep oxydes à haute température*. PhD thesis, 2007.

[86] A. Stern, J.C. Brachet, V. Maillot, D. Hamon, F. Barcelo, S. Poissonnet, A. Pineau, J.P. Mardon, and A. Lesbros. Investigations of the microstructure and mechanical properties of prior-beta structure as function of the oxygen content (0.9 wt%) in two zirconium alloys. *Journal of ASTM International*, 4 :1–29, 2007.

[87] Y. Surrel. Les techniques optiques de mesure de champ : essai de classification. *Instrumentation mesure et métrologie*, 4(3-4) :11–42, 2005.

[88] M. Sutton, S. McNeill, J. Helm, and Y. Chao. Advances in two-dimensional and three-dimensional computer vision. *Photomechanics*, pages 323–372, 2000.

[89] F. Taillade, M. Quiertant, K. Benzarti, and C. Aubagnac. Shearography and pulsed stimulated infrared thermography applied to a nondestructive evaluation of frp strengthening systems bonded on concrete structures. *Construction and building materials*, 25(2) :568–574, 2011.

[90] K. Triconnet. *Identification des propriétés mécaniques à partir de mesures de champs dans un matériau multi-phase*. PhD thesis, Thèse de ENSAM, Paris, 2007.

[91] R. Tsai. A versatile camera calibration technique for high-accuracy 3d machine vision metrology using off-the-shelf tv cameras and lenses. *Robotics and Automation, IEEE Journal of*, 3(4) :323–344, 1987.

[92] S. Vigneron. *Analyse thermomécanique multiéchelle de la transformation de phase dans les alliages à mémoire de forme*. PhD thesis, Université Montpellier II-Sciences et Techniques du Languedoc, 2009.

[93] L.J. Walpole. Elastic behavior of composite materials : theoretical foundations. *Advances in applied mechanics*, 21 :169–242, 1981.

[94] Z.Y. Wang, H.Q. Li, J.W. Tong, and J.T. Ruan. Statistical analysis of the effect of intensity pattern noise on the displacement measurement precision of digital image correlation using self-correlated images. *Experimental Mechanics*, 47(5) :701–707, 2007.

[95] B. Wattrisse. *Etude cinématique des phénomènès de localisation dans un acier par intercorrélation d'images*. PhD thesis, Université Montpellier II, 1999.

[96] B. Wattrisse, A. Chrysochoos, J.M. Muracciole, and M. Némoz-Gaillard. Analysis of strain localization during tensile tests by digital image correlation. *Experimental Mechanics*, 41(1) :29–39, 2001.

[97] G.Q. Wei and S. De Ma. Implicit and explicit camera calibration : Theory and experiments. *Pattern Analysis and Machine Intelligence, IEEE Transactions on*, 16(5) :469–480, 1994.

[98] J.Y. Weng, P. Cohen, and M. Herniou. Camera calibration with distortion models and accuracy evaluation. *IEEE Transactions on pattern analysis and machine intelligence*, 14(10) :965–980, 1992.

[99] C. Wielgosz, B. Peseux, and Y. Lecointe. Formulations mathématiques et résolution numérique en mécanique. 2004.

[100] S. Xu. Modelling the effect of fluid communication on velocities in anisotropic porous rocks. *International journal of solids and structures*, 35(34-35) :4685–4707, 1998.

[101] Y. Xu. *Approche multi-échelle pour l'étude du comportement des systèmes polyphasiques. Application aux milieux poreux non saturés.* PhD thesis, Thèse de l'Ecole nationale des ponts et chaussées, Paris, 2004.

[102] A. Zaoui. *Matériaux hétérogènes et composites.* Ecole polytechnique . Département de physique, 1998. (France).

[103] C. Zeller et al. *Calibration projective, affine et Euclidienne en vision par ordinateur et application a la perception tridimensionnelle.* PhD thesis, 1996.

[104] Z.Y. Zhang. Flexible camera calibration by viewing a plane from unknown orientations. In *Computer Vision, 1999. The Proceedings of the Seventh IEEE International Conference on*, volume 1, pages 666–673. Ieee, 1999.

Table des figures

Liste des tableaux

www.ingramcontent.com/pod-product-compliance
Lightning Source LLC
Chambersburg PA
CBHW021049210326
41598CB00016B/1147